Evolution und Design: Logik und Beweise

Ammar Adil

Published by Ammar Adil, 2025.

EVOLUTION UND DESIGN: LOGIK UND BEWEISE

First edition. July 3, 2025.

ISBN: 979-8232980269

Written by Ammar Adil.

Also by Ammar Adil

Sunni Hadiths and Sirah: Proofs of Historical Reliability
The Existence of God and the Irrationality of Atheism
Proofs for Islam: Prophecies of Prophet Muhammad ﷺ
Hadiths Sunnites et Sirah : Preuves de Fiabilité Historique
Evolution and Design: Logic and Evidence
Evrim ve Tasarım: Mantık ve Kanıt
Sunnitische Hadithe und Sirah: Beweise historischer Zuverlässigkeit
Sünni Hadisler ve Siyer: Tarihsel Güvenilirliğin Delilleri
From Skepticism to Certainty: The Doubting Muslim's Guide
Évolution et Conception : Logique et Preuves
Evolution und Design: Logik und Beweise
Du scepticisme à la certitude : le guide du musulman qui doute
Vom Skeptizismus zur Gewissheit: Der Leitfaden für zweifelnde Muslime
Beyond Scientific Miracles: Islam, Science, and the Search for Truth

Inhaltsverzeichnis

Vorwort

Evolution wird heute als absolute und weithin anerkannte Tatsache angesehen. Der Glaube daran, dass das Leben entworfen wurde oder dass Lebewesen separat erschaffen wurden, gilt als völlig irrational und durch die Wissenschaft vollständig widerlegt. Besonders im Westen wird dieser Glaube als eine große Verschwörungstheorie betrachtet, und diejenigen, die ihn vertreten, gelten als irrational und verzweifelt. Man wirft ihnen vor, nur aus religiöser Überzeugung an ihren Ansichten festzuhalten, trotz der angeblich überwältigenden Beweise für die Evolution.

Dieses Buch wird, so Gott will, diese irrige Vorstellung widerlegen und entkräften. Ich möchte eines klarstellen: Ich lehne Evolution nicht grundsätzlich aus religiöser Überzeugung ab. Das gilt insbesondere für die allgemeine Evolution von Tieren und Pflanzen. Muslime müssen an die besondere Erschaffung des Menschen glauben, aber darüber hinaus besteht im Allgemeinen kein Widerspruch zwischen Evolution und Islam. Aus diesem Grund hatte ich in meiner frühen Lebenszeit keine negative Meinung gegenüber der Evolution. Doch je mehr ich mich mit diesem Thema beschäftigte, desto mehr wurde mir klar, dass der Glaube an die Evolution einer religiösen Überzeugung ähnelt – einer Religion, die durch die Beweise vollständig widerlegt worden ist.

Der Grund für meinen Meinungswandel in Bezug auf die Evolution liegt in der Analyse der Beweise sowie der dahinterstehenden Logik und Philosophie, die in den letzten 150 Jahren in dieser Debatte verwendet wurden. Ich bin der Überzeugung, dass eine rationale Analyse der Daten deutlich zeigt, dass die Logik und Philosophie hinter der Evolution zutiefst problematisch ist – doch das ist nicht das einzige Problem. Auch die wissenschaftlichen Beweise, die für die Evolution vorgebracht werden, sind hochproblematisch. Oft sagen Wissenschaftler in ihren populärwissenschaftlichen Werken und Büchern das eine, während im peer-reviewten Fachbereich der Evolutionsbiologie genau das Gegenteil festgestellt wird.

Dies ist ein wichtiger Punkt, den man beim Lesen dieses Buches im Hinterkopf behalten sollte. Wann immer ich ein bestimmtes Beweismaterial für die Evolution bespreche, werde ich zahlreiche Verweise auf peer-reviewte Arbeiten und Bücher von etablierten Evolutionsbiologen geben. So kann niemand behaupten, dieses Buch sei in seinen Quellen voreingenommen gegenüber der Evolution. Gelegentlich werde ich auch Vertreter des Intelligent Design zitieren, um grundlegende und unstrittige Aspekte der Biologie und lebendigen Organismen zu erklären.

Im ersten Kapitel werde ich die grundlegenden Rechtfertigungen für Argumente und Überzeugungen untersuchen, die sowohl von Evolutionisten als auch von Vertretern des Intelligent Design verwendet werden. Dabei werde ich auf die vier am häufigsten benutzten Begründungsmethoden in dieser Debatte eingehen: Intuitionen, Ockhams Rasiermesser, allgemeine Möglichkeit (Blanket Possibility) und das Eintreffen spezifischer Vorhersagen. Ich werde analysieren, wie beide Seiten diese Methoden anwenden und ob sie dabei konsequent vorgehen. Dieses Kapitel dient als Einführung in diese Rechtfertigungsformen, die im weiteren Verlauf des Buches ausführlicher behandelt werden.

Das nächste Kapitel wird grundlegende Definitionen von Evolution und Design liefern. Außerdem werde ich einige Beispiele für fehlerhafte Logik in dieser Debatte aufzeigen sowie zentrale Annahmen beleuchten. Ein besonders wichtiger Punkt, der in diesem Kapitel hervorgehoben wird, ist die Unterscheidung zwischen universeller gemeinsamer Abstammung und dem Mechanismus der Evolution. Das Kapitel wird sich auch mit der Frage beschäftigen, ob Evolution Wissenschaft oder Philosophie ist, und es wird kurz die Frage der Falsifizierbarkeit der Evolution behandeln.

Im darauffolgenden Kapitel werde ich einige der logischen Argumente und Beweismittel für die universelle gemeinsame Abstammung erörtern. Diese werden anhand der in den vorherigen Kapiteln definierten Kriterien analysiert. Das Kapitel wird auch die Schwächen und Stärken der gängigen Argumente für die universelle gemeinsame Abstammung untersuchen.

Die folgenden Kapitel werden sich mit den am häufigsten vorgebrachten Beweisen für die Evolution befassen. Dazu gehören unter anderem der Fossilienbefund, phylogenetische Stammbäume, Biogeografie, rudimentäre Organe und Junk-DNA sowie Embryologie. Diese Argumente werden häufig verwendet, um Evolution zu stützen und gleichzeitig die Idee eines geplanten Lebens zu widerlegen. Nach diesen Kapiteln folgt ein kurzes Fazit des Buches.

Andere wichtige Themen im Zusammenhang mit der Evolution – wie das Problem der Wartezeiten, Antibiotikaresistenz, molekulare Uhren, Waisengene, Argumente des Intelligent Design und Argumente für "schlechtes Design" – werden, so Gott will, in einem zukünftigen Buch behandelt.

Rechtfertigung von Überzeugungen und Argumenten

In diesem Kapitel betrachten wir die häufigsten grundlegenden Rechtfertigungen von Überzeugungen und Argumenten, die in der Debatte über Evolution und Design verwendet werden. Diese Rechtfertigungen werden oft vorausgesetzt, bevor überhaupt Beweise analysiert werden, und müssen selbst analysiert werden, um diese Debatte mit einer konsistenten Erkenntnistheorie zu führen. Die folgenden Abschnitte analysieren jede dieser Rechtfertigungen. Einige Inhalte dieses Kapitels stammen aus meinem Buch *Die Existenz Gottes und die Irrationalität des Atheismus*.

Intuitionen

In diesem Abschnitt betrachten wir eine der grundlegenden Rechtfertigungen von Überzeugungen und Argumenten in der Debatte über Evolution und Intelligentes Design: die Intuition. Sie wird oft in dieser Debatte verwendet, um darüber zu argumentieren, welche Seite die Beweislast trägt. Daher ist eine kurze Einführung und Analyse notwendig.

Eine Intuition ist ein instinktiver Glaube oder ein Gefühl, das wir haben – eine Überzeugung, die ohne bewusstes Nachdenken entsteht. Ein Beispiel für Intuition ist der Glaube, dass das Töten eines Menschen ohne guten Grund böse ist. Wir brauchen keine Beweise, um dies zu glauben – wir glauben es instinktiv. Ein weiteres Beispiel ist die Annahme, dass Teile eines Ganzen nicht größer sein können als das Ganze selbst. Wenn man zum Beispiel eine Pizza in vier Stücke schneidet und diese später wieder zusammensetzt, kann die neue Pizza nicht mehr Nahrung enthalten als die ursprüngliche – es sei denn, es wurde etwas Neues hinzugefügt. Auch das ist Intuition: ein Glaube, den wir instinktiv haben, ohne Beweise zu benötigen.

Wichtig ist hier: In vielen Fällen wird in dieser Debatte keine Rechtfertigung für Intuitionen geliefert – weder von der einen noch von der anderen Seite.

Die oben genannten Intuitionen sind ziemlich universell. Ich nenne sie „universelle Intuitionen". Nicht alle Intuitionen sind so. Die meisten Intuitionen sind auf bestimmte Gruppen beschränkt, die in einer bestimmten Zeit und Umgebung aufgewachsen sind. Ein Beispiel dafür ist die Intuition, dass Kinderehe oder Sklaverei moralisch falsch seien. Heute – durch die Verbreitung liberaler Moralvorstellungen – halten viele Menschen solche Dinge für böse. Aber die überwältigende Mehrheit der Menschheit hat sie historisch nicht als moralisch verwerflich betrachtet.

Solche Intuitionen unterscheiden sich also von den vorherigen Beispielen, weil sie zeitlich und kulturell begrenzt sind. Ich nenne sie „subjektive Intuitionen."

Während universelle Intuitionen prinzipiell als Beweise gelten können, können subjektive Intuitionen dies nicht. Der Grund ist, dass sie sich je nach Zeit und Ort unterscheiden – die subjektiven Intuitionen einer Gruppe widersprechen oft denen einer anderen. Subjektive Intuitionen sind deshalb keine gültigen Beweise.

Es gibt Fälle, in denen Intuitionen von Vertretern des Intelligent Design als Beweis oder Rechtfertigung herangezogen werden. Die Hauptanwendung besteht darin, dass Intuitionen als allgemeine Rechtfertigung für Intelligent Design dienen oder als Argument dafür, dass die Beweislast beim Gegner liegt.

Die Intuition, dass Leben entworfen wurde, ist in der Menschheitsgeschichte weit verbreitet. Psychologische Studien zeigen, dass der Glaube an ein intelligentes Design angeboren ist. In dem Artikel *Are Children 'Intuitive Theists'?* schreibt Professorin Deborah Kelemen:

„Eine Analyse der kognitiven Entwicklungsforschung zeigt, dass Kinder im Alter von etwa fünf Jahren natürliche Objekte als nicht menschengemacht verstehen, über die mentalen Zustände nicht-menschlicher Agenten nachdenken können und die Fähigkeit besitzen, Objekte in Bezug auf Design zu betrachten. Studien mit 6- bis 10-jährigen Kindern deuten darauf hin, dass ihre Zuschreibungen von Zwecken in der Natur mit Ideen über intentionale, nicht-menschliche Ursachen zusammenhängen. Diese Ergebnisse deuten darauf hin, dass das Erklärungsmodell von Kindern treffend als intuitiver Theismus beschrieben werden kann."[1]

Das ist so offensichtlich, dass sogar atheistische Psychologen dies zugeben:

„Wir haben eine ähnliche Tendenz, bei nicht-zufälligen Strukturen einen Agenten anzunehmen. Das ist die Grundlage für das Design-Argument – die Intuition, dass das Design, das in der Natur und Biologie erkennbar ist, auf einen Designer hindeutet. In einer Umfrage in den USA (Juli 2005) sagten 42% der Befragten, dass Menschen und Tiere seit Anbeginn in ihrer heutigen Form existieren. Die meisten anderen meinten, dass Evolution stattgefunden habe, aber von Gott gelenkt wurde."[2]

Auch führende Evolutionsbiologen geben zu, dass Design intuitiv ist. Sie glauben nicht an Design, geben aber offen zu, dass das Leben wie entworfen erscheint. Richard Dawkins schrieb:

„Biologie ist das Studium komplexer Dinge, die den Anschein erwecken, als seien sie zu einem Zweck entworfen worden."[3]

Francis Crick, einer der bedeutendsten Biologen des 20. Jahrhunderts, meinte:

„Biologen müssen sich ständig daran erinnern, dass das, was sie sehen, nicht entworfen wurde, sondern sich entwickelt hat. Man könnte denken, dass evolutionäre Argumente eine große Rolle in der biologischen Forschung spielen, aber das ist keineswegs der Fall. Es ist schon schwierig genug, das zu untersuchen, was gegenwärtig geschieht." [4]

Dawkins sagt, dass das Leben wie entworfen aussieht – weil die Erscheinung des Designs offensichtlich ist, obwohl er nicht daran glaubt. Auch Crick meint, Biologen müssten sich selbst immer wieder daran erinnern, dass es keine Design gibt – weil es eben so aussieht, als gäbe es eines. Mit anderen Worten: Design ist intuitiv.

Viele verstehen nicht, wie auffällig das Design in lebenden Organismen erscheint. Selbst Evolutionisten müssen die Sprache des Designs benutzen, weil es schwer ist, über Leben zu sprechen, ohne solche Begriffe zu verwenden. Dazu ein Zitat:

„Die Verwendung teleologischer Sprache (zielgerichtet, zweckorientiert) ist in der Biologie weit verbreitet. Obwohl Organismen natürliche Entitäten sind, fällt es schwer, sie ohne solche Sprache zu beschreiben. Das Herz hat den Zweck, Blut zu pumpen; die Lunge, Luft zu atmen – und alle Organe arbeiten zusammen, um das Tier am Leben zu erhalten. Solche Sprache wurde einst wörtlich als Beweis für Gottes absichtliches Schaffen verstanden. Sie wird auch heute noch in der Biologie verwendet – aber ohne Bezug auf Gott. Deshalb wird nach neutraleren Begriffen gesucht. So spricht man statt von 'Zweck' etwa von 'Anpassung', 'funktioneller Komplexität' oder 'Teleonomie'."[5]

Wenn Intuitionen als Beweis oder Rechtfertigung für Überzeugungen dienen, dann liegt die Beweislast klar bei jenen, die gegen Intelligent Design oder für Evolution argumentieren. Ein Evolutionist könnte antworten, dass Intuitionen keine Beweise seien – nur weil wir etwas glauben, heißt das nicht, dass es wahr ist. Diese Aussage führt jedoch zu massiven Problemen für die Evolutionisten – wie wir noch sehen werden.

Viele Evolutionisten wollen es nicht wahrhaben, aber Intuitionen sind für ihre Argumentation entscheidend. Viele gängige Evolutionsargumente beruhen auf Intuitionen. Beispiele dafür sind die Argumente vom Junk-DNA und von rudimentären Organen. Diese beruhen auf der Intuition, dass ein intelligenter Designer nichts

Zweckloses schaffen würde. Der Evolutionsbiologe Kenneth Miller von der Brown University meint:

„Das menschliche Genom ist voll von Pseudogenen, Genfragmenten, 'verwaisten' Genen, 'Müll'-DNA und so vielen wiederholten, sinnlosen Sequenzen, dass es nicht als intelligentes Design gelten kann."[6]

Dieses Argument basiert ausschließlich auf der Intuition – ohne dass diese Intuition gerechtfertigt würde. Weitere Argumente beruhen auf Intuitionen über „schlechtes Design" – insbesondere im Zusammenhang mit dem Problem des Leids. Es wird angenommen, dass ein intelligenter und guter Designer kein Leben erschaffen hätte, das so viel Leid beinhaltet – also müsse Evolution die Ursache sein. Dazu ein weiteres Zitat:

„Ich würde zudem behaupten, dass es keine gute Theologie ist, denn es führt dazu, dem Designer Eigenschaften zuzuschreiben, die sich stark vom allwissenden, allmächtigen und allgütigen Schöpfer unterscheiden. Es geht nicht nur darum, dass Organismen unvollkommen sind – Mängel und Funktionsstörungen sind allgegenwärtig. Man betrachte das menschliche Kiefer: zu viele Zähne, sodass Weisheitszähne entfernt werden müssen und Kieferorthopäden gutes Geld verdienen. Ein menschlicher Ingenieur hätte das besser gemacht. Evolution erklärt diese Mängel gut. Das Gehirn wurde größer, und der Schädel musste sich anpassen – das reduzierte den Platz für das Kiefer. Die Evolution handelt nicht mit optimalem Design, sondern mit „Bastelei". Oder man betrachte den Geburtskanal der Frau: zu eng für den großen Kopf des Babys – Tausende sterben bei der Geburt. Wollen wir Gott dafür verantwortlich machen?"[7]

Weitere evolutionistische Argumente beruhen ebenfalls auf Intuitionen – wie die in der nächsten Sektion besprochene Version von Ockhams Rasiermesser. Entscheidend ist: In keinem dieser Argumente wird die zugrunde liegende Intuition begründet – sie wird nur vorausgesetzt.

Evolutionisten gehen einfach davon aus, dass die Beweislast beim Gegner liegt. Oft ist es aber gar nicht möglich, diese Intuitionen zu begründen. Wie soll man beweisen, dass ein Designer kein Leid schaffen würde? Das ist nicht beweisbar – es ist eine bloße Intuition.

Dieses Problem betrifft alle evolutionistischen Argumente gegen Intelligent Design, denn sie alle beruhen auf Intuitionen darüber, wie ein Designer handeln *würde* oder *nicht handeln würde*. Wenn Intuitionen aber – wie Evolutionisten oft behaupten – keine Beweise sind, dann sind all diese Argumente wertlos.

Wichtig ist: Ich will nicht entscheiden, ob Intuitionen als Beweise gelten sollten oder nicht. Aber wer sich ernsthaft mit der Debatte beschäftigt, sollte eine konsistente Erkenntnistheorie zu Intuitionen haben. Es darf nicht sein, dass man Intuitionen, die einem gefallen, als Beweis akzeptiert, andere aber willkürlich verwirft. Das wäre Rosinenpickerei. Man muss die Beweislast konsequent anwenden.

Das bedeutet: Wenn ein Vertreter des Intelligent Design Intuitionen als Beweis heranzieht, muss er sich auch der universellen Intuitionen der Evolutionisten stellen. Bei subjektiven Intuitionen gibt es dagegen keine Beweislast. Und wie in diesem Buch später deutlich wird, beruhen praktisch alle evolutionistischen Argumente auf subjektiven Intuitionen – und sind damit wertlos.

Das bedeutet auch: Wenn ein Evolutionist Intuitionen als Beweis einsetzt, dann muss ihm klar sein, dass in der Debatte um den Ursprung und die Vielfalt des Lebens die Beweislast bei ihm liegt – weil Design intuitiv ist. Was er nicht tun darf – was aber viele tun – ist, Intuitionen als Beweis zu nutzen, wenn sie *seine* Argumente stützen, aber sie ablehnen, wenn sie vom Intelligent Design kommen. Das ist unehrliches Rosinenpicken.

Ein letzter Punkt: Ein Evolutionist könnte sagen, dass für ihn Design *nicht* intuitiv sei, wohl aber das Problem des Leids oder das Argument vom Junk-DNA. Hier ist entscheidend: Entweder sind Intuitionen objektiv – also allgemein erkennbar – oder subjektiv –

also individuell und variabel. Wenn sie subjektiv sind, dann sind sie keine objektiven Beweise für irgendetwas. In diesem Fall wären alle Argumente auf Grundlage von Intuitionen – ob von Evolutionisten oder Design-Anhängern – unbegründet und irrelevant.

Ockhams Rasiermesser

Eine weitere sehr verbreitete Rechtfertigung von Überzeugungen und Argumenten ist Ockhams Rasiermesser. Ockhams Rasiermesser ist das Prinzip, dass die einfachste Erklärung bevorzugt werden sollte. Es gibt mehrere Versionen dieses Prinzips, die ich anhand von Beispielen aus der evolutionistischen Verwendung von Ockhams Rasiermesser erklären werde. Im weiteren Verlauf dieses Buches wird deutlich werden, dass fast alle Argumente, die Evolutionisten auf der Grundlage von Beobachtungen vorbringen, letztlich auf Ockhams Rasiermesser beruhen – was diese Rechtfertigung besonders wichtig macht.

Eine Version von Ockhams Rasiermesser besagt, dass die Erklärung mit der geringsten Anzahl an Entitäten die einfachste ist und daher die Beweislast bei der Person liegt, die eine andere Erklärung vertreten will. Diese Version wird von Evolutionisten als Rechtfertigung für die Evolution verwendet. Und zwar so: Die Evolution erklärt die Realität und Existenz. Intelligent Design bietet eine alternative Erklärung derselben Realität und Existenz. Aber die Evolution kommt ohne einen Designer aus – also mit einer Entität weniger – und sollte daher bevorzugt werden. Diese Rechtfertigung wird auch oft von Atheisten im Rahmen ihrer Argumentation für den Atheismus verwendet.

Das Problem mit dieser Version von Ockhams Rasiermesser für die Evolution ist jedoch äußerst tiefgreifend – und es ist erstaunlich, wie sehr dieses Problem von Evolutionisten ignoriert wird. Denn laut Evolutionisten gibt es – wenn der universelle gemeinsame Ursprung wahr ist – eine unzählige Anzahl an Übergangsarten, für die wir keinerlei Beweise im Fossilbericht haben. Dies wird später in diesem Buch ausführlicher behandelt, aber hier ein Zitat zu diesem Punkt:

„Das Fehlen fossiler Belege für Zwischenstadien bei wichtigen Übergängen im organischen Design – ja sogar unsere Unfähigkeit, uns funktionale Zwischenformen auch nur vorzustellen – ist ein beständiges und nagendes Problem für gradualistische Evolutionstheorien.“[8]

Hier liegt das Problem für Evolutionisten: Ihr Argument, warum Intelligent Design die Beweislast trägt, beruht auf der Idee, dass es eine zusätzliche Entität postuliert. Wenn man dieser Logik folgt, hat die Evolution eine um Größenordnungen höhere Beweislast – denn sie postulliert eine gewaltige Zahl zusätzlicher Entitäten (Übergangsarten), für die es keinerlei Beweise gibt. Viele Evolutionisten und Atheisten verwenden diese Version von Ockhams Rasiermesser gerne – die kognitive Dissonanz und die Widersprüche, die daraus für ihre Überzeugungen resultieren, sind erstaunlich.

Eine weitere Version von Ockhams Rasiermesser, die von Evolutionisten verwendet wird, lautet: Die Erklärung, die die meisten Daten eigenständig erklären kann, ohne auf andere Erklärungen zurückzugreifen, ist zu bevorzugen. So wird das Argument eingesetzt: Einfache physikalische Prozesse können bestimmte Aspekte des Lebens und der Biologie erklären. Das ist eine unstrittige Tatsache. Da physikalische Prozesse also gewisse Aspekte erklären können, ist die einfachste Erklärung des Lebens, dass ungerichtete physikalische Prozesse seine Hauptursache sind – und wer eine andere Erklärung (z. B. Intelligent Design) anführt, trägt die Beweislast.

Einfacher ausgedrückt: Die Evolution sei einfacher, weil sie nur eine Erklärung beinhalte. Intelligent Design beinhalte mehrere Erklärungen und verstoße deshalb gegen Ockhams Rasiermesser. Diese Version wird auch verwendet, um für den universellen gemeinsamen Ursprung zu argumentieren. Und zwar so: Es gibt zweifellos Fälle von gemeinsamer Abstammung – zum Beispiel gehen alle Menschen auf gemeinsame menschliche Vorfahren zurück. Daher sei die einfachste Erklärung, dass gemeinsame Abstammung das grundlegende Prinzip für alle Lebewesen sei – und wer alternative Erklärungen wie spontane Entstehung oder Schöpfung anführe, trage die Beweislast. Die Probleme dieser Version werden im Kapitel über die Logik des universellen gemeinsamen Ursprungs behandelt.

Es gibt eine dritte Möglichkeit, wie Ockhams Rasiermesser von Evolutionisten verwendet wird. Diese lautet: So wie etwas erscheint, ist es auch am einfachsten zu erklären – und wer eine alternative Erklärung anführt, trägt die Beweislast. Diese Version ist der Intuition sehr ähnlich. Man findet sie in der sogenannten abductiven Schlussfolgerung – bekannt als der „Ententest“: Wenn es aussieht wie eine Ente, schwimmt wie eine Ente und quakt wie eine Ente, dann ist es wahrscheinlich eine Ente. Diese Form von Ockhams Rasiermesser wird für eines der Hauptargumente der Evolution verwendet und gilt als eines der stärksten.

Viele Argumente für die universelle gemeinsame Abstammung beruhen auf der Annahme, dass Ähnlichkeit gleichbedeutend mit gemeinsamer Abstammung ist – oder dass die vielen Ähnlichkeiten zwischen Lebewesen nicht zufällig entstanden sein können und daher auf gemeinsame Abstammung hindeuten. Hier ein Zitat:

„Die molekulare Systematik basiert (weitgehend) auf der Annahme, die zuerst von Zuckerkandl und Pauling (1962) klar formuliert wurde, dass der Grad der Ähnlichkeit den Grad der Verwandtschaft widerspiegelt.“[9]

Anhand der genetischen oder morphologischen Ähnlichkeiten lassen sich Stammbäume des Lebens erstellen. Laut Evolutionisten ist die Tatsache, dass sich diese Stammbäume aus verschiedenen Datenquellen ergeben und dabei übereinstimmen, einer der stärksten Beweise für die Evolution. Richard Dawkins schreibt dazu:

„Vergleichende DNA- (oder Protein-)Daten können verwendet werden, um – basierend auf der evolutiven Annahme – zu bestimmen, welche Tiere näher miteinander verwandt sind. Was dies zu einem äußerst starken Beweis für die Evolution macht, ist die Tatsache, dass man für jedes einzelne Gen separat einen genetischen Stammbaum erstellen kann – und jeder dieser Stammbäume liefert ungefähr den gleichen Stammbaum des Lebens. Das ist genau das, was man erwarten würde, wenn man es mit einem echten Stammbaum zu tun hat. Es ist nicht das, was man erwarten würde, wenn ein Designer das gesamte Tierreich überblickt und sich einfach die besten Proteine herausgepickt hätte, egal wo sie im Tierreich vorkommen."[10]

In einem Interview verdeutlicht Dawkins diesen Punkt:

„Man erhält denselben Stammbaum. Man erhält denselben Stammbaum auch dann, wenn man Gene betrachtet, die keine Funktion mehr haben – also Überbleibsel sind. ... Das ist ein überwältigend starker Beweis. Der einzige Weg, dem zu entkommen, wäre zu sagen, dass der intelligente Designer – Gott – uns absichtlich täuschen wollte."[11]

Alles, was man für mein Argument hier wissen muss, ist: Der Baum des Lebens sieht nur dann so aus, wie er aussieht, wenn der universelle gemeinsame Ursprung wahr ist. Daher lautet das Argument: Weil es so aussieht, als gäbe es universelle gemeinsame Abstammung, ist diese auch wahr.

Diese Version von Ockhams Rasiermesser hat für Evolutionisten die gleichen Probleme wie das Intuitionsargument. Denn wenn das Argument lautet, dass das Leben *aussieht,* als gäbe es gemeinsame Abstammung, dann sieht das Leben – wie im Abschnitt über Intuitionen dargelegt – auch *aus,* als sei es entworfen worden. Wenn man also dieses Prinzip ernst nimmt, liegt die Beweislast auf Seiten der Evolutionisten, wenn sie gegen die Annahme argumentieren, dass das Leben das Ergebnis eines Designs ist.

Dies sind die drei häufigsten Weisen, wie Ockhams Rasiermesser von Evolutionisten verwendet wird. Die Verbindung zwischen Ockhams Rasiermesser und Argumenten für Design wird in den späteren Kapiteln dieses Buches ausführlich behandelt.

Pauschale Möglichkeit

Dies ist die dritte Rechtfertigung von Argumenten und Überzeugungen, die in der Debatte über Evolution und Intelligent Design verwendet wird. Viele Menschen, die sich mit Philosophie beschäftigt haben, werden mit Begriffen wie Intuitionen und Ockhams Rasiermesser vertraut sein. Diese werden häufig verwendet oder zumindest stillschweigend als Rechtfertigungen für Überzeugungen und Beweise angenommen und entsprechend anerkannt. Es gibt jedoch eine weitere Rechtfertigung von Beweisen oder Überzeugungen, die weit verbreitet ist, und auf diese sowie ihre Konsequenzen werde ich hier eingehen.

Was ich mit „pauschaler Möglichkeit" meine, ist, dass wann immer die Möglichkeit von etwas infrage gestellt wird, die Möglichkeit immer als Standardposition angenommen werden sollte, und die Beweislast bei der Person liegt, die die Unmöglichkeit von etwas behauptet. Dieser pauschale Verweis auf Möglichkeit wird als vorrangig gegenüber Intuitionen, Ockhams Rasiermesser, Argumenten und Erfahrung angesehen.

Natürlich geschieht dies völlig willkürlich – immer dann, wenn es den Evolutionisten gerade passt, und wird ebenso leicht verworfen, wenn es ihnen nicht passt. Viele Evolutionisten nehmen etwa an, dass es möglich oder wahrscheinlich ist, dass Leben und das Erscheinungsbild von Design in lebenden Organismen ohne einen intelligenten Designer entstehen können. Dieselben Personen nehmen jedoch auch an, dass es unmöglich oder unwahrscheinlich sei, dass ein intelligenter Designer eine Welt erschaffen könnte, in der Leid existiert.

In einem Fall geben die Evolutionisten der pauschalen Möglichkeit Vorrang vor Intuitionen, im anderen Fall umgekehrt. Es gibt keinerlei Konsistenz in dieser Herangehensweise – sie greifen auf die pauschale Möglichkeit zurück, wenn es ihnen nützt, und verwerfen sie ebenso schnell, wenn es ihnen schadet. Das ist ein klassisches Beispiel für „Cherry-Picking".

Zumindest sollten die Leser dieses Buches zustimmen, dass es einen konsistenten Maßstab geben muss, wann pauschale Möglichkeit herangezogen werden darf und wann nicht. Beispiele für die Verwendung dieser Rechtfertigung werden im gesamten Buch behandelt. An dieser Stelle werde ich mich auf zwei Beispiele konzentrieren, die jedoch wichtigen Kontext erfordern – Kontext, der auch für spätere Kapitel dieses Buches entscheidend sein wird.

Um diese Beispiele zu verstehen, muss man zunächst wissen, was DNA ist und wie sie funktioniert. Das ist auch für spätere Kapitel des Buches grundlegend. DNA ist das Erbmaterial fast aller lebenden Organismen. Es wird von Eltern auf Nachkommen übertragen. Gene sind Abschnitte der DNA. Es gibt zwei relevante Typen von Genen. Der eine Typ enthält die genetische Information zur Herstellung von Proteinen.[12] Die meisten Gene dienen jedoch nicht dem Aufbau von Proteinen, sondern der Regulation und Steuerung anderer Gene.[13]

Nach gängiger evolutionstheoretischer Auffassung funktioniert DNA wie ein Computercode und enthält die Anweisungen oder den Code für die Herstellung von Proteinen. Proteine gelten als Bausteine des Lebens. Sie sind große, komplexe Moleküle, die im gesamten Körper vorkommen – vom Haar bis zum Zeh. Sie sind entscheidend für alle Körperfunktionen und an sämtlichen biochemischen Reaktionen in den Zellen beteiligt. Die Ähnlichkeiten zwischen DNA und Computercode werden sogar von Evolutionsbiologen wie Richard Dawkins anerkannt. Hier ein Zitat dazu:

„Nach Watson und Crick wissen wir, dass Gene in ihrer innersten Struktur lange Reihen reiner digitaler Information sind. Mehr noch: Sie sind im vollen und starken Sinn digital – wie bei Computern und CDs, nicht im schwachen Sinn wie beim Nervensystem. Der genetische Code ist kein binärer Code wie in Computern, auch kein Acht-Ebenen-Code wie in Telefonsystemen, sondern ein

Quaternärcode mit vier Symbolen. Der Maschinencode der Gene ist unheimlich computerähnlich."[14]

Der entscheidende Punkt ist der Ursprung dieses genetischen Codes und der Information. Um neue Lebensformen hervorzubringen, ist eine gewaltige Menge an genetischer Information erforderlich. In unserer Erfahrung entstehen computercodeartige Maschinencodes und Programmiersprachen nur durch intelligente Geister. Daher ist gemäß Ockhams Rasiermesser die einfachste Erklärung für ein solches System in lebenden Organismen, dass ein intelligenter Geist dahintersteht – und die Beweislast liegt bei der Person, die eine alternative Erklärung wie blinde, ungesteuerte Prozesse anführt.

In diesem Fall werden Evolutionisten eine pauschale Berufung auf Möglichkeit machen und sagen, dass es vielleicht möglich sei, dass ein derart komplexes System durch blinde, ungesteuerte Prozesse entsteht. Sie können nicht beweisen, dass dies der Fall ist oder dass es überhaupt möglich ist, aber sie sagen: „Vielleicht ist es möglich" – und diese pauschale Möglichkeit gilt für sie als rational und vernünftig.

Gleichzeitig verlangen dieselben Personen besondere Beweise, um zu glauben, dass ein intelligenter Geist die Ursache des Lebens sein könnte. Dieses Beispiel zeigt klar, dass es keine Konsistenz seitens der Evolutionisten gibt, was die Frage betrifft, was möglich ist und wann auf Möglichkeit verwiesen werden darf.

Ein zweites Beispiel für die pauschale Berufung auf Möglichkeit durch Evolutionisten betrifft Mutationen. Während der Fortpflanzung werden bei der Weitergabe der DNA von Eltern auf Nachkommen kleine Veränderungen – sogenannte Mutationen – vorgenommen. Nach der neodarwinistischen Theorie sind diese Mutationen völlig zufällig, und sie sind verantwortlich für neue Merkmale und Veränderungen bei Organismen. Einige dieser Veränderungen sind für das Überleben vorteilhaft.

Organismen mit solchen vorteilhaften Mutationen überleben und pflanzen sich häufiger fort als jene ohne diese Mutationen. Nach vielen

Generationen tragen dann die meisten Mitglieder der Art die vorteilhafte Mutation, da sie Nachkommen des ursprünglichen Organismus sind. Dieser Prozess wird als natürliche Selektion bezeichnet – so beschreibt der Neodarwinismus die Geschichte des Lebens im Großen und Ganzen.

Hier wird das Thema Mutationen wichtig für unser Thema. Es betrifft den Ursprung von Bauplänen bei Tieren. Ein Bauplan ist ein Satz morphologischer Merkmale, die einer Tiergruppe – einem Stamm (Phylum) – gemeinsam sind. Hier eine Definition:

„Der Begriff ‚Stämme' (Phyla) bezeichnet Kategorien im biologischen Klassifikationssystem. Die Stämme bilden die höchsten Kategorien im Tierreich, wobei jeder Stamm eine einzigartige Architektur, einen strukturellen Bauplan oder ein Organisationsprinzip aufweist. Bekannte Beispiele sind Nesseltiere (Korallen, Quallen), Weichtiere (Tintenfische, Muscheln), Stachelhäuter (Seesterne, Seeigel), Gliederfüßer (Insekten, Trilobiten) und Chordatiere (z. B. Wirbeltiere und Menschen)."[15]

Die Tiere innerhalb eines Stammes werden anhand dieser Merkmale weiter untergliedert – in Klassen, Ordnungen, Familien usw. Die höchsten Kategorien (Stamm, Klasse) bezeichnen grundlegende Baupläne; die unteren Kategorien (Gattung, Art) kleinere Unterschiede.

Nach Evolutionsbiologen sind zufällige Mutationen und ihre Selektion für die Entwicklung neuer Baupläne verantwortlich. Wichtig ist dabei, dass der Bauplan eines Tieres sehr früh in der embryonalen Entwicklung festgelegt wird. Es gibt Mutationen, die früh oder spät in der Entwicklung zum Ausdruck kommen. Stephen Meyer beschreibt das Problem:

„Um bedeutende Veränderungen in Tierformen zu bewirken, ist der Zeitpunkt entscheidend. Spät exprimierte Mutationen betreffen nur wenige Zellen und Merkmale, da zu diesem Zeitpunkt der Bauplan bereits festgelegt ist. Nur früh exprimierte Mutationen können größere

Veränderungen bewirken – insbesondere wenn sie regulatorische Gene betreffen."[16]

Auch führende Evolutionsbiologen stimmen zu, dass nur früh exprimierte Mutationen zu makroevolutionären Veränderungen führen können.[17] Bernard John, George Miklos und Keith Thomson bestätigen dies.[18]

Hier liegt das Problem: Diese früh wirkenden Mutationen sind fast immer schädlich – sie sind nicht vorteilhaft und können daher nicht selektiert werden. R.A. Fisher beschreibt sie als „entweder definitiv pathologisch (meist tödlich)" oder nicht überlebensfähig „in freier Wildbahn".[19] Der Genetiker John F. McDonald nennt dies ein „großes darwinistisches Paradoxon"[20]:

„Die [genetischen] Loci, die offensichtlich innerhalb natürlicher Populationen variabel sind, scheinen nicht der Ursprung größerer Anpassungen zu sein, während jene, die vermutlich die Grundlage solcher Veränderungen darstellen, innerhalb natürlicher Populationen nicht variabel sind."[21]

Hier zeigt sich erneut die Berufung auf pauschale Möglichkeit: Evolutionisten behaupten trotz aller gegenteiligen Beweise, dass es möglich sei, dass frühe Mutationen zur Entstehung neuer Baupläne führen. Das widerspricht sowohl Ockhams Rasiermesser als auch der Intuition – doch hier erhält die pauschale Möglichkeit Vorrang. Beim Intelligent Design hingegen wird Möglichkeit nicht einmal in Betracht gezogen. Auch dies belegt die fehlende Konsistenz in der Argumentation der Evolutionisten.

Zum Schluss möchte ich meine epistemische Position zur pauschalen Möglichkeit darlegen. Meine Position ist dabei konsistent. In Fällen, in denen eine Berufung auf Möglichkeit sowohl gegen Intuitionen als auch gegen Ockhams Rasiermesser verstößt, ist das ein starker Grund, skeptisch zu sein – die Beweislast liegt dann klar bei der Person, die gegen beide Prinzipien argumentiert. In Fällen, in denen die Möglichkeit nur gegen eines von beiden verstößt, kann man argumentieren – eine Berufung auf Möglichkeit ist dann nicht grundsätzlich unzulässig. Aber in Fällen, in denen die Möglichkeit weder gegen Intuition noch gegen Ockhams Rasiermesser verstößt, liegt die Beweislast bei der Person, die die Möglichkeit bestreitet – und die Möglichkeit wird als gültig angenommen, bis das Gegenteil bewiesen ist.

Erfüllung von Vorhersagen und multiple Beweislinien

Eine der am häufigsten geäußerten Behauptungen von Evolutionisten und eine der gängigsten Rechtfertigungen für die Evolution ist, dass die Argumentation für die Evolution auf mehreren Beweislinien beruht, bei denen die Beweise mit den von der Evolution getroffenen Vorhersagen übereinstimmen. Hier ist ein Zitat zur Untermauerung dieser Behauptung:

„Die Evolution ist gut belegt. Jede einzelne Beweislinie mag für sich genommen vorläufig sein. Aber wenn unabhängige Untersuchungen auf dieselbe Idee hinweisen, bekannt als Konsilienz der Induktion, wird die Schlussfolgerung deutlich fundierter. Dies ist bei der Evolution der Fall (Ruse 2008, 25–51; Rieppel 2011, 127–133).“[22]

Einige grundlegende Fragen müssen im Zusammenhang mit dieser Rechtfertigung geklärt werden. Gibt es irgendwelche Anforderungen an die Spezifität der Vorhersage, um die Stärke des Arguments für die Evolution beurteilen zu können? Damit ist gemeint: Wie spezifisch muss eine Beobachtung sein, um als Beweis für die Evolution gelten zu können? Viele Evolutionisten behaupten zum Beispiel, dass Milliarden Jahre an Tiefenzeit gut mit der Evolutionstheorie vereinbar sind. Aber nur weil die Erde Milliarden Jahre alt ist – bedeutet das automatisch, dass die Evolution wahr ist? Es ist offensichtlich, dass bestimmte vermeintliche Beweise, die spezifischer sind, wie etwa der Fossilienbefund, mehr Gewicht haben als vage Hinweise wie die Tiefenzeit. Aber wer entscheidet, wie viel Spezifität erforderlich ist?

Eine weitere Frage ist, ob eine bestimmte Beobachtung sowohl mit der Evolution als auch mit dem Design vereinbar ist. Warum sollte man dann der Evolution den Vorzug gegenüber dem Design geben? Dies ist ein interessantes Thema, aber nicht das größte Problem dieser Rechtfertigung für die Evolution.

Wie im weiteren Verlauf dieses Buches gezeigt wird, besteht das größte Problem bei dieser Argumentationslinie darin, dass in nahezu allen Argumenten für die Evolution die von Evolutionisten gemachten Vorhersagen konsequent gescheitert sind, und dass Evolutionisten gezwungen sind, nachträgliche (ad hoc) Erklärungen zu liefern, um die Probleme für die Evolutionstheorie zu umschiffen. Wenn das der Fall ist – gelten diese gescheiterten Vorhersagen dann immer noch als Beweise für die Evolution? Diese Rechtfertigung wird in den Kapiteln über spezifische Argumente für die Evolution noch viel ausführlicher behandelt.

Fazit

Dieses Kapitel behandelt die grundlegenden Rechtfertigungen für Argumente, die sowohl von Evolutionisten als auch von Vertretern des Intelligent Design häufig verwendet werden. Es ist wichtig, diese Rechtfertigungen und ihre Anwendungen auf beiden Seiten der Debatte zu verstehen, um sich diesem Thema mit einer konsistenten und rationalen Erkenntnistheorie zu nähern. Das nächste Kapitel befasst sich mit grundlegenden Definitionen und bestimmten wichtigen Annahmen in dieser Debatte.

Definitionen und wichtige Konzepte

Dieses Kapitel bietet eine Einführung in die Debatte über Evolution und Design und stellt uns die relevanten Definitionen sowie einige gängige Diskussionspunkte vor.

Definitionen von Evolution und Design

Beginnen wir mit der Bedeutung von Design bzw. Intelligent Design, so wie der Begriff in diesem Buch verwendet wird. Dabei handelt es sich um die Position, dass das Leben von einem intelligenten Schöpfer erschaffen oder entworfen wurde und dass wir Hinweise darauf finden können, dass ein intelligenter Geist die Ursache des Lebens ist. Merken Sie sich diesen zweiten Punkt. Während viele theistische Evolutionisten und Muslime, die die Evolution befürworten, dem ersten Teil zustimmen werden, lehnen sie die Behauptung ab, dass es Beweise für einen intelligenten Verursacher des Lebens gibt.

Obwohl die Vorstellung, dass das Leben von einem intelligenten Schöpfer entworfen wurde, historisch gesehen als selbstverständlich galt, hat sich das in den letzten 160 Jahren geändert. In diesem Zeitraum hat sich die Evolution als dominierende Sichtweise über die Entstehung und den Ursprung des Lebens durchgesetzt. Im Kern – und im Gegensatz zur Vorstellung eines Designers – beinhaltet der Glaube an die Evolution die Annahme, dass Leben als Ergebnis blinder, ungesteuerter physikalischer Prozesse entstanden ist oder leicht entstehen kann. Evolutionisten glauben nicht nur, dass Leben ohne intelligenten Schöpfer entstanden ist, sondern auch, dass dies leicht geschehen kann und sogar wahrscheinlich ist. Sie behaupten nicht nur, dass ihre Sichtweise möglich ist, sondern dass sie wahrscheinlich ist. Merken Sie sich das für später.

Ein weiterer relevanter Begriff ist der sogenannte „Baum des Lebens" und die universelle gemeinsame Abstammung. Dies ist die Vorstellung, dass alles Leben auf einen einzigen gemeinsamen

Vorfahren zurückgeht und es keine speziellen Schöpfungen gibt. Das bedeutet, dass ein Löwe oder eine Pflanzenart nicht einfach ohne Vorfahren entstanden ist. Vielmehr sind alle Lebewesen genetisch miteinander verwandt, und diese Verbindungen reichen bis zum ersten gemeinsamen Vorfahren zurück. Es gibt zwar auch andere Definitionen von Evolution. Hier ein Beispiel:

„Evolution ist ein Prozess, der zu Veränderungen im genetischen Material einer Population im Laufe der Zeit führt. Evolution spiegelt die Anpassungen von Organismen an sich verändernde Umweltbedingungen wider und kann zu veränderten Genen, neuen Merkmalen und neuen Arten führen. Evolutionsprozesse beruhen sowohl auf Veränderungen der genetischen Variabilität als auch auf Veränderungen der Allelfrequenzen im Laufe der Zeit."[23]

Solche Definitionen werden häufig von Evolutionisten verwendet. Doch eines ist wichtig zu beachten: Die Tatsache, dass sich Organismen anpassen und dass sich Dinge verändern, ist nicht umstritten. Selbst sogenannte Young Earth Creationists, also Menschen, die glauben, dass die Erde nur 6000 Jahre alt ist, stimmen dem zu.

Daran gibt es keinen Streitpunkt. Die eigentlichen Diskussionspunkte in der Debatte über Evolution und Design – und jene, die zwischen Vertretern des Intelligent Design und Evolutionisten umstritten sind – betreffen die Notwendigkeit bzw. Existenz eines intelligenten Schöpfers und die universelle gemeinsame Abstammung.

Mechanismus und Muster der Evolution

Der Mechanismus der Evolution ist der physikalische Prozess, durch den sich eine Art in eine andere verwandelt. Der am weitesten akzeptierte Mechanismus der Evolution ist der Neodarwinismus. Hier ist eine kurze Übersicht über den Ablauf gemäß der gängigen Evolutionstheorie:

„Um die Einzelheiten der Evolution zu verstehen, müssen wir zwischen Genotyp und Phänotyp unterscheiden (Urry et al. 2016,

274). Denken wir an Eltern, die Kinder bekommen. Man erkennt, dass Kinder im Durchschnitt ihren Eltern ähnlich sehen, aber auch Unterschiede aufweisen. Die Biologie erklärt, warum das so ist. Alle biologischen Lebewesen besitzen Gene, die unsere DNA bilden. Diese enthalten den Bauplan dafür, wie wir aussehen (z.B. Haarfarbe), welche Veranlagungen wir haben (z.B. Essgewohnheiten) und wie gesund wir sind (z.B. ob wir eine Krankheit haben). Die DNA wird an die Kinder weitergegeben, in Form von Chromosomen, einer Mischung aus dem Erbgut der Eltern (Urry et al. 2016, 254–268). Die Hälfte stammt von der Mutter, die andere Hälfte vom Vater. So erklärt sich, warum Kinder ihren Eltern ähnlich, aber nicht identisch sind. Der Genotyp ist die genetische Ausstattung eines Lebewesens, der Phänotyp das äußere Erscheinungsbild. Wenn der Genotyp den Phänotyp beeinflusst, spricht man von Genexpression (Urry et al. 2016, 335). Zum Beispiel: Wenn ein Kind Gene für schwarze Haare hat, wird es schwarze Haare haben. Diese Genexpression ist im gesamten biologischen Reich weit verbreitet."[24]

Der Mechanismus des Neodarwinismus besagt, dass zufällige Veränderungen (Mutationen) in der DNA auftreten, wenn sie von Eltern an Nachkommen weitergegeben wird. Diese Mutationen führen zu neuen Eigenschaften und Unterschieden unter den Lebewesen. Manche Organismen entwickeln Eigenschaften, die ihre Überlebens- und Fortpflanzungschancen erhöhen. Im Laufe der Zeit setzen sich diese Organismen gegenüber solchen durch, die diese vorteilhaften Merkmale nicht besitzen. Dieser Prozess wird natürliche Selektion genannt. Hier ist ein Beispiel:

„Bisher haben wir Vererbung und Variation betrachtet, aber noch nicht die äußeren Faktoren. Ein Teil der Evolution ist die Vorstellung, dass die Umwelt, in der sich Arten befinden, ebenfalls zum Prozess beiträgt. Stellen Sie sich vor, es gibt schwarze und weiße Mäuse, die auf schwarzem Untergrund leben. Raubvögel wie Adler jagen diese Mäuse. Die schwarzen Mäuse haben bessere Überlebenschancen, da sie sich tarnen können, während die weißen auffallen und leichter gefressen werden. Die Population der weißen Mäuse wird also abnehmen, während die schwarzen zunehmen. Die Gene für weiße Farbe werden seltener, und künftige Generationen werden vermehrt schwarze Mäuse hervorbringen, da diese sich durchgesetzt haben."[25]

Laut Neodarwinisten ist die natürliche Selektion in Kombination mit zufälligen Mutationen der Hauptgrund für die Vielfalt aller Lebewesen und ihrer Eigenschaften. Das ist die zentrale Erklärung dafür, wie eine Art sich in eine andere verwandelt. In den letzten Jahren wächst jedoch die Zahl von Evolutionsbiologen, die mit dem Neodarwinismus unzufrieden sind und ihn als unzureichend ansehen. Hier ein Zitat von ihrer Webseite:

„Die Mehrheit der Menschen glaubt, es gebe nur zwei Erklärungen für die biologische Vielfalt: Entweder Schöpfung durch einen göttlichen Schöpfer – was offensichtlich unwissenschaftlich ist, da es übernatürliche Kräfte voraussetzt – oder den Neodarwinismus, eine naturalistische Wissenschaft, die jedoch viele aktuelle molekulare Erkenntnisse ignoriert und auf unbelegten Annahmen über die zufällige Natur der Vererbung beruht. Der Neodarwinismus vernachlässigt wichtige schnelle evolutionäre Prozesse wie Symbiogenese, horizontalen Gentransfer, mobile DNA und epigenetische Veränderungen. Zudem haben manche Neodarwinisten die natürliche Selektion zu einer universellen Lösung erhoben, ohne empirische Grundlage. Viele Wissenschaftler sehen heute die Notwendigkeit, alle Aspekte des Evolutionsprozesses tiefer und vollständiger zu erforschen."[26]

Der Mechanismus beschreibt also, *wie* Dinge in der Geschichte des Lebens passiert sind. Das Muster der Evolution beschreibt, *was* passiert ist. Die meisten Evolutionisten vertreten die Ansicht, dass vor 3,5 bis 4 Milliarden Jahren ein erstes Lebewesen entstanden ist, von dem alle anderen Lebewesen abstammen. Das ist die universelle gemeinsame Abstammung.

Hier ist etwas sehr Wichtiges: Es gibt einen Unterschied zwischen Beweisen für die universelle gemeinsame Abstammung und Beweisen für den Mechanismus der Evolution. Beweise für gemeinsame Abstammung sind keine Beweise für den Mechanismus. Warum das wichtig ist, ist einfach:

Es gibt zwei mögliche Szenarien für das Muster der Lebensgeschichte: Entweder stammen alle Lebewesen von einem oder wenigen gemeinsamen Vorfahren ab, oder verschiedene Arten entstanden durch spontane Schöpfung. Das erste Szenario wird von Evolutionsbiologen akzeptiert, das zweite nicht. Doch beide Szenarien sind mit Intelligent Design vereinbar. Ein intelligenter Schöpfer könnte entweder durch gemeinsame Abstammung oder durch spezielle Schöpfung Leben erschaffen haben.

Ein weiterer wichtiger Punkt: Wenn es keinen funktionierenden Mechanismus für Evolution gibt, gibt es keinen Grund zu glauben, dass die gemeinsame Abstammung korrekt ist. Denn Evolution ist eine Theorie der Transformation – wie sich eine Art in eine andere verwandelt. Wenn es keinen plausiblen Mechanismus für diesen Wandel gibt, dann hätte der Wandel nicht stattgefunden.

Viele Evolutionisten behaupten, dass die gemeinsame Abstammung unabhängig vom Mechanismus akzeptiert werden sollte. Aber warum sollte man das tun und ignorieren, dass ohne einen Mechanismus die Evolution gar nicht stattgefunden hätte?

Ein letzter wichtiger Punkt: Viele Evolutionisten nutzen angebliche Beweise für gemeinsame Abstammung, um zu behaupten, dass Leben durch blinde physikalische Prozesse entstanden sei und nicht entworfen wurde. In diesem Buch werden später viele Beispiele für diese Art von Argumentation dargestellt.

Physikalische Prozesse und der Lückenbüßer-Gott

Eines der wichtigsten Dinge, die man sich merken muss, ist der Zusammenhang zwischen physikalischen Prozessen und Evolution. Eine sehr verbreitete Annahme unter Evolutionisten ist, dass physikalische Prozesse wie die Entwicklung von Antibiotikaresistenz bei Bakterien beweisen, dass das Leben durch ungesteuerte physikalische Prozesse entstanden ist und dass kein Design am Leben beteiligt war. Dies ist eine weit verbreitete Annahme, die angesprochen werden muss.

Die Annahme lautet, dass wenn Gott das Leben erschaffen hätte, jede Art oder bestimmte Gruppen von Arten durch eine besondere Schöpfung erschaffen worden wären und keine physikalischen Prozesse an der Entstehung bestimmter Merkmale des Lebens beteiligt gewesen wären. Dies ist eine der dümmsten Annahmen, die von Evolutionisten gemacht werden. Dies steht auch im Zusammenhang mit dem Argument des „Lückenbüßer-Gottes", das von Evolutionisten vorgebracht wird. Die Annahme lautet, dass intelligentes Design eine Erklärung für das Leben bietet und physikalische Prozesse eine alternative und widersprüchliche Erklärung darstellen.

Dies ist eine zutiefst irrationale Behauptung aus einem sehr einfachen Grund. Angenommen, ich backe einen Kuchen in einem Ofen. Ich sammle die Zutaten durch physikalische Prozesse, benutze bestimmte physikalische Prozesse, um sie zu mischen, und im Ofen laufen weitere physikalische Prozesse ab, um den Kuchen zu backen. Es sind also physikalische Prozesse am Backvorgang beteiligt. Aber nur weil physikalische Prozesse beteiligt sind – heißt das, dass kein intelligenter Geist am Backvorgang beteiligt ist? In diesem Szenario bin ich der intelligente Geist, der beim Backen beteiligt ist. Dieses Beispiel widerlegt die unsinnige Behauptung, dass physikalische Prozesse intelligentes Design ausschließen.

Ein weiterer Punkt muss hier berücksichtigt werden. Es gibt einen logischen Sprung, den Evolutionisten machen. Die Beweise zeigen, dass bestimmte Merkmale des Lebens durch physikalische Prozesse verursacht werden. Die Evolutionisten behaupten jedoch, dass dies zeigt, dass diese Merkmale durch blinde und ungesteuerte physikalische Prozesse verursacht wurden. Es wird jedoch kein Beweis für die Behauptung erbracht, dass diese physikalischen Prozesse blind und ungesteuert sind.

Betrachten wir ein ähnliches Szenario. Angenommen, es gibt eine automatisierte Fabrik, die von künstlicher Intelligenz betrieben wird und ständig bestimmte Produkte herstellt. Nachdem sie eingerichtet wurde, stellt diese Fabrik Produkte ausschließlich durch physikalische Prozesse her. Aber nur weil die Fabrik regelmäßig funktioniert und physikalische Prozesse ablaufen – heißt das, dass kein intelligenter Geist hinter der Fabrik oder den ablaufenden Prozessen steht?

Dieses Beispiel widerlegt die evolutionistische Annahme, dass bestimmte Merkmale des Lebens aufgrund physikalischer Prozesse entstanden sind und diese Prozesse blind und ungesteuert sein müssen. Außerdem ist es von einigen namhaften Evolutionsbiologen anerkannt worden, dass man den universellen gemeinsamen Ursprung akzeptieren kann, ohne zu glauben, dass das Leben durch ungesteuerte physikalische Prozesse entstanden ist. Hier ein Zitat zu diesem Punkt:

„Ernst Mayr, einer der führenden Evolutionsbiologen des 20. Jahrhunderts, unterteilt die darwinistische Evolutionstheorie in fünf verschiedene Teile. Erstens (1) die allgemeine These der Evolution als solche, die die Veränderlichkeit der Arten im Gegensatz zu einer konstanten, unveränderlichen Welt besagt. Zweitens (2) die gemeinsame Abstammung – die These, dass alle verschiedenen Tierarten einen gemeinsamen Vorfahren haben. Drittens (3) die These der Gradualität, also dass sich Arten durch kleine, sukzessive und kumulative Mutationen verändern. Es gibt also keine großen „Sprünge" in der Evolution, bei denen eine völlig neue Tierform durch nur eine Mutation entsteht. Viertens (4) die populationsbedingte Artbildung – neue Arten können aus bestehenden Populationen durch Veränderungen hervorgehen. Fünftens (5) die natürliche Selektion auf Basis zufälliger Mutationen – der darwinistische Mechanismus zur Erklärung evolutionärer Anpassungen. Wie Mayr argumentiert, ist es prinzipiell möglich, nur Teile der darwinistischen Theorie zu akzeptieren. Viele von Darwins Zeitgenossen akzeptierten z.B. nicht die natürliche Selektion als Mechanismus, aber die gemeinsame Abstammung."[27]

Ein weiteres Argument für diese Annahme muss ebenfalls angesprochen werden. Im Leben gibt es sehr viel Zufälligkeit. Viele zufällige oder scheinbar zufällige Prozesse finden im Inneren von Lebewesen statt, die deren Eigenschaften beeinflussen. Hierzu ein Zitat:

„Was für einen Gott kann man aus den Phänomenen schließen, die durch die Arten auf Darwins Galapagos-Inseln verkörpert werden? Der Evolutionsprozess ist durchzogen von Zufall, Kontingenz, unglaublicher Verschwendung, Tod, Schmerz und Grauen. – Der Gott der Galapagos ist gleichgültig, verschwenderisch, unbeteiligt, fast teuflisch. Sicherlich nicht der Gott, zu dem jemand beten würde."[28]

Alle Fragen in Bezug auf das Problem des Bösen und des Leidens im Leben werden in einem zukünftigen Buch behandelt. Für jetzt konzentrieren wir uns nur auf die Zufälligkeit im Leben. Diese Antwort deckt auch jedes Argument ab, das auf der Annahme basiert, wie Gott handeln würde. Die Behauptung lautet, dass Gott oder ein intelligenter Designer keine Zufälligkeit verwenden würde, um Leben zu erschaffen. Dies basiert einfach nur auf subjektiver Intuition und ist daher wertlos, aber es gibt auch eine klare Widerlegung dieser Behauptung.

Computerprogrammierung ist eine Form von Design, bei der Programmierer Software entwerfen. Zufälligkeit wird häufig in der Programmierung verwendet.[29] Da Designer also Zufälligkeit regelmäßig verwenden, ist die Behauptung, ein intelligenter Designer würde keine Zufälligkeit verwenden, nachweislich falsch.

Design kann nicht erkannt werden, weil ein Designer auf viele Weisen designen kann

Dies ist ein Argument gegen die Annahme, dass Leben gestaltet wurde oder dass wir erkennen können, ob Leben gestaltet ist oder nicht. Dieses Argument wurde von einem Philosophen namens Elliott Sober populär gemacht. Ich werde ihn hier zitieren:

„Meine Kritik an Paley ist, dass seine Diskussion über das Auge denselben Fehler macht wie Gould. Paley nimmt an, dass, wenn ein intelligenter Designer das menschliche Auge erschaffen hätte, der Designer gewollt hätte, dass es bestimmte Merkmale F1 ... Fn hat und auch die Fähigkeit gehabt hätte, dies zu tun. Paley ist nicht mehr berechtigt, diese günstigen Annahmen zu treffen, als Gould berechtigt ist, seine ungünstigen Annahmen zu machen. Was erforderlich ist – ob wir über den Daumen des Pandas oder das Wirbeltierauge sprechen – ist ein unabhängiger Grund für die Annahmen über Ziele und Fähigkeiten (Kitcher 1983; Pennock 1999; Shanks 2004; Sober 1999b).

Es reicht nicht aus zu argumentieren: ‚Seht, das Auge wurde von einem intelligenten Designer erschaffen, und es hat die Merkmale F1 ... Fn. Also wollte der Designer wahrscheinlich, dass das Auge diese Merkmale hat und hatte die Fähigkeit, dieses Ziel zu erreichen.' Diese Argumentation setzt voraus, dass die Hypothese des intelligenten Designs wahr ist – aber genau das will das Design-Argument ja erst zeigen und kann daher nicht als Prämisse im Argument dienen. Was nötig ist, sind Informationen über Ziele und Fähigkeiten, die wir unabhängig davon kennen, ob die Design- oder Zufallshypothese wahr ist."[30]

Elliott Sober macht hier eine konkrete Behauptung. Er sagt, dass wir nicht wissen können, ob es ein Design gibt oder nicht, weil wir keine Möglichkeit haben, die Absichten oder Motivationen des Designers zu kennen. Diese Behauptung basiert jedoch nur auf subjektiven Intuitionen und Gefühlen Sobers und kann daher nicht als Beweis akzeptiert werden. Es gibt also keinen Grund, diese Behauptung zu glauben, aber es gibt auch große Probleme damit.

Angenommen, jemand findet ein Buch in der Wüste oder Archäologen entdecken eine alte Inschrift. In beiden Fällen müssen wir die Motivationen oder Absichten hinter dem Buch oder der Inschrift nicht kennen, um Design zu erkennen. Das Argument ist also nicht nur unbegründet, sondern hat offensichtliche Gegenbeispiele.

Eine häufige Antwort der Evolutionisten ist, dass wir wissen, dass das Buch oder die Inschriften von Menschen stammen, daher kennen wir die möglichen Motivationen dahinter und können deshalb Design erkennen. Es gibt mehrere Probleme mit dieser Behauptung. Erstens scheint dieses und ähnliche Argumente der Evolutionisten vorauszusetzen, dass der intelligente Designer Gott ist. Während ich glaube, dass der Designer Gott ist und auch Argumente dafür habe, behaupten Befürworter des intelligenten Designs – und ich stimme ihnen zu –, dass man die Eigenschaften des Designers des Lebens nicht wissenschaftlich erkennen kann. Diese Frage muss philosophisch geklärt werden.

Zweitens haben Menschen keine einheitlichen Absichten oder Motivationen. Menschen können völlig unterschiedliche Absichten haben. Trotz dieser großen Unterschiede in den Absichten können wir dennoch Design erkennen. Das widerlegt die Vorstellung, dass man die Absichten des Designers kennen muss, um Design zu erkennen.

Drittens – und das wird im nächsten Abschnitt ebenfalls behandelt – wenn Evolutionisten kein Design erkennen können, wie wollen sie dann das Fehlen von Design erkennen? Laut Evolutionisten beweist die Wissenschaft, dass Leben durch ungesteuerte physikalische Prozesse entstanden ist und dass kein Design beteiligt war. Meine Frage lautet: Wenn ihr kein Design erkennen könnt, wie könnt ihr dann das Fehlen von Design erkennen? Viele Evolutionisten merken nicht, wie sehr ihre Argumente gegen ihre eigenen Überzeugungen zurückschlagen.

Viertens scheint es eine versteckte Annahme zu geben, dass intelligentes Design auf viele verschiedene Arten erfolgen kann, gemeinsamer Ursprung oder Evolution jedoch nur auf eine oder wenige Arten. Diese Behauptung ist unbegründet und widerspricht der Annahme der Evolutionisten, dass Leben auf viele unterschiedliche Weisen hätte evolvieren können. Diese Annahme wird im dritten Kapitel dieses Buches behandelt, wenn ich über konvergente Evolution spreche.

Wissenschaft und Falsifizierbarkeit

Ein weiteres sehr wichtiges Thema, das angesprochen werden muss, ist die Frage der Wissenschaft und der Falsifizierbarkeit. Einer der häufigsten Argumentationspunkte von Evolutionisten ist, dass Evolution Wissenschaft sei, während intelligentes Design keine Wissenschaft sei, weil Evolution testbar und falsifizierbar sei, intelligentes Design jedoch nicht. Diese Behauptung der Evolutionisten legt nahe, dass Testbarkeit und Falsifizierbarkeit extrem wichtig für den Nachweis durch Beweise sind. Hier ist ein Zitat, das diese Haltung von Evolutionsbiologen zusammenfasst:

„Wenn die Hypothese des intelligenten Designs nicht durch die Tatsache widerlegt wird, dass Organismen unvollkommene Anpassungen besitzen, liegt das Problem der Hypothese vielleicht darin, dass sie durch keine Beobachtung überhaupt widerlegt werden kann. Hier kommen wir zu einer zweiten standardmäßigen Kritik am Kreationismus: dass er untestbar ist. Aber was bedeutet Testbarkeit? Wissenschaftler antworten oft mit dem Konzept der Falsifizierbarkeit des Philosophen Karl Popper (1959), da sie glauben, dies liefere die notwendige Klärung."[31]

Poppers Konzept der Falsifizierbarkeit verlangt, dass eine Hypothese Vorhersagen macht, die wir überprüfen können – ob sie zutreffen oder nicht. Der Philosoph, den ich jetzt zitiere, Elliott Sober, widerspricht Poppers Kriterium der Falsifizierbarkeit und vertritt einen anderen Ansatz mit eigenen Stärken und Schwächen. Hier ist ein Zitat zu diesem Ansatz:

„Obwohl Poppers Kriterium der Falsifizierbarkeit nicht zur Definition von Testbarkeit oder zur Kritik am Kreationismus verwendet werden sollte, können wir zwei Lehren daraus ziehen. Die erste ist, dass eine testbare Aussage Vorhersagen macht – entweder indem sie logisch ableitet, dass eine Beobachtung eintreten wird, oder indem sie einer Beobachtung eine bestimmte Wahrscheinlichkeit zuweist. Die Hypothese, dass die Münze fair ist, erfüllt dieses Kriterium. Der zweite Punkt ist, dass wir kontrastiv denken müssen, wenn wir testen (§1.3–1.4); eine Hypothese über intelligentes Design zu testen bedeutet, sie mit einer Alternative zu vergleichen. Es stimmt, dass ‚ein intelligenter Designer gab Wirbeltieren Augen' impliziert, dass Wirbeltiere Augen haben. Aber wenn diese Hypothese gegen die epikureische Hypothese getestet werden soll – dass ein geistloser Zufallsprozess den Wirbeltieren Augen gab – dann muss man Vorhersagen finden, bei denen sich beide Hypothesen widersprechen." [32]

Dies sind zwei verbreitete Ansätze zur Falsifizierbarkeit. Karl Poppers Ansatz ist in der Mainstream-Wissenschaft weit akzeptiert. Dabei muss jedoch Folgendes beachtet werden: Damit etwas falsifizierbar oder ein wissenschaftlicher Beleg für eine bestimmte Hypothese ist, muss es bestimmte Beweise geben, die – wenn sie entdeckt würden – die Hypothese oder zumindest das dazugehörige Argument widerlegen würden. Wenn zum Beispiel das Fossilienarchiv als Beweis für die Evolution herangezogen wird, muss es auch Beweise geben, die – wenn sie auftreten – das Argument für die Evolution widerlegen könnten. Hier ist ein Zitat zur Testbarkeit und Falsifizierbarkeit:

„Popper erklärt die Falsifizierbarkeit, indem er drei Theorien vergleicht: Sigmund Freuds psychoanalytische Theorie, Alfred Adlers psychoanalytische Theorie und Albert Einsteins Relativitätstheorie. Für Popper sind die ersten beiden Theorien unwissenschaftlich, während die letzte eine glaubwürdige wissenschaftliche Theorie ist. Seine Begründung ist wie folgt: Freuds und Adlers Theorien sind so weit gefasst, dass sie sich selbst bestätigen. Das bedeutet, dass jede

Beobachtung, die innerhalb der Theorie betrachtet wird, sie irgendwie unterstützt – selbst wenn es widersprüchliche Datenpunkte gibt ...

Im Gegensatz dazu hielt Popper Einsteins Relativitätstheorie für etwas anderes. Ohne sich in Details zu verlieren: Einsteins Allgemeine Relativitätstheorie machte eine einfache Vorhersage – dass Licht sich um schwere Himmelskörper wie die Sonne biegt. Das ließ sich testen – und genau das geschah 1919, als festgestellt wurde, dass sich Licht tatsächlich um Himmelskörper biegt. Der Unterschied zwischen Einsteins Theorie und den psychoanalytischen Theorien von Freud und Adler war, dass erstere offen dafür war, falsch zu sein, und nicht alles absorbierte, was man ihr entgegenhielt. Das ist es, was Popper als falsifizierbar bezeichnete (Popper 2002, 57–73)."[33]

Die Falsifizierbarkeit jedes einzelnen Beweises für die Evolution wird in den jeweiligen Kapiteln dieses Buches behandelt. Jetzt werde ich auf die spezifische Behauptung der Evolutionisten eingehen, dass das Leben durch ungesteuerte physikalische Prozesse entstanden sei, und untersuchen, ob diese Behauptung falsifizierbar ist.

Alle moderne Wissenschaft basiert auf dem Prinzip des methodologischen Naturalismus. Hier ist ein Zitat, das dieses Thema erklärt:

„Die Wissenschaft basiert auf dem methodologischen Naturalismus – der Idee, dass wir bei der Suche nach Ursachen im Universum ausschließlich auf natürliche Ursachen und Wirkungen achten und Gott oder das Übernatürliche nicht einbeziehen. Der philosophische Naturalismus hingegen ist der Glaube, dass es keinen Gott oder etwas Übernatürliches gibt. Letzterer ist ein Glaube, den Atheisten vertreten – ersterer ist eine Arbeitsannahme, die dem wissenschaftlichen Prozess zugrunde liegt. Methodologischer Naturalismus bedeutet nicht automatisch philosophischen Naturalismus."[34]

Hier ist ein Zitat von einem Evolutionsbiologen, das erklärt, wie sich diese Annahme auf die Debatte zwischen Evolution und Design auswirkt:

„Selbst wenn alle Daten auf einen intelligenten Designer hindeuten, wird eine solche Hypothese aus der Wissenschaft ausgeschlossen, weil sie nicht naturalistisch ist. Natürlich steht es dem Wissenschaftler als Individuum frei, eine Realität zu akzeptieren, die über den Naturalismus hinausgeht."[35]

Warum ist das relevant? Laut Evolutionisten muss die Frage von Design und Evolution auf Grundlage der Wissenschaft entschieden werden. Ich denke jedoch nicht, dass diese Frage rein wissenschaftlich ist. Beide Seiten machen viele philosophische Annahmen und Argumente. Aber das ist die Annahme der meisten Evolutionisten. Und laut eben diesen Leuten kann intelligentes Design niemals durch Wissenschaft bewiesen oder anerkannt werden – selbst wenn Beweise vorliegen. Das sollte man sich merken.

Kehren wir nun zur Falsifizierbarkeit zurück. Die Behauptung der Evolutionisten lautet, dass das Leben durch blinde und ungesteuerte physikalische Prozesse entstanden sei. Wenn diese Behauptung widerlegt würde – was wäre dann bewiesen? Intelligentes Design. Aber laut Evolutionisten darf das nie passieren. Darüber hinaus: Die einzige Möglichkeit, die evolutionistische Behauptung zu beweisen, wäre, intelligentes Design zu widerlegen. Aber laut Evolutionisten ist auch das nicht möglich.

Nach den Maßstäben, die die Evolutionisten selbst verwenden, ist ihre Behauptung also keine Wissenschaft – sie wurde nicht bewiesen und kann auch nicht bewiesen werden. Zur Klarstellung: Evolutionisten behaupten, dass Evolution falsifizierbar sei und dass die Argumente für Evolution getestet und widerlegt werden könnten. Wir werden diese Behauptung der Evolutionisten gemeinsam mit den spezifischen Argumenten für die Evolution bewerten.

Fazit

Dieses Kapitel behandelt einige grundlegende und problematische Annahmen von Evolutionisten und geht auf wichtige Definitionen und Konzepte im Zusammenhang mit der Debatte ein. Weitere Annahmen, die mehr Kontext benötigen, werden im Verlauf dieses Buches behandelt.

Die Logik hinter der universellen gemeinsamen Abstammung

Die universelle gemeinsame Abstammung ist der Glaube, dass alle Lebewesen von einem einzigen Organismus abstammen, der beim Ursprung des Lebens vor etwa vier Milliarden Jahren erstmals existierte. Diese Auffassung wird von nahezu allen etablierten Evolutionsbiologen unterstützt. Es gibt jedoch eine wachsende Minderheit unter den Evolutionsbiologen, die argumentieren, dass es unwahrscheinlich sei, dass das Leben nur von einem einzigen Vorfahren abstammt. Sie vertreten stattdessen die Ansicht, dass alle Lebewesen von mehreren verschiedenen ursprünglichen Vorfahren abstammen. Dieses Kapitel konzentriert sich jedoch ausschließlich auf die universelle gemeinsame Abstammung. Der Grund dafür ist, dass beide Sichtweisen sehr ähnlich sind und sich auf ähnliche Argumente stützen.

In keinem dieser Szenarien existieren Pflanzen und Tiere ohne vorherige Vorfahren. In beiden Szenarien findet eine umfangreiche vorherige Evolution statt, und Pflanzen und Tiere stammen von einfachen einzelligen Organismen ab. Die universelle gemeinsame Abstammung gilt in der westlichen Wissenschaft als weitgehend anerkannte Tatsache. Die Ablehnung der universellen gemeinsamen Abstammung wird mit dem Glauben an eine flache Erde gleichgesetzt. Selbst Evolutionsbiologen, die den Neodarwinismus infrage stellen, halten dennoch fest an der universellen gemeinsamen Abstammung. Hier ist ein Zitat:

„Befürworter des Neodarwinismus und andere wissenschaftliche Alternativen streiten sich nicht über die erste Frage, sondern haben unterschiedliche Meinungen zur zweiten (Rogers 2011, 3). Anders gesagt: Die meisten Biologen halten an der gemeinsamen Abstammung fest (Glansdorff et al. 2008; Koonin und Wolf 2010; Theobald 2010).

In Frage gestellt wird also das neodarwinistische Paradigma, nicht die Evolution an sich... Die Evolution ist eine Theorie mit vielen Aussagen, daher muss man sorgfältig darauf achten, worin genau der Streitpunkt besteht (Huskinson 2020, 149–151). Wie bereits erwähnt, geht es in der Debatte um die kausalen Mechanismen der Evolution, nicht um die gemeinsame Abstammung.“[36]

Grundlegende Logik

Dieses Kapitel behandelt die grundlegende Logik und Beweisführung hinter den gängigen Argumenten für die universelle gemeinsame Abstammung. Andere Argumente für die universelle gemeinsame Abstammung werden in eigenen Kapiteln analysiert. Die grundlegende Logik und der Beweis für die universelle gemeinsame Abstammung liegt in der Vielzahl an Ähnlichkeiten zwischen Lebewesen. Diese Ähnlichkeiten sind dem Zufall nach sehr unwahrscheinlich. Die beste Erklärung für diese Ähnlichkeiten sei daher, dass sie durch Vererbung von einem gemeinsamen Vorfahren stammen. Viele Evolutionisten versuchen, dies zu leugnen, weshalb ich hier mehrere Zitate von Philosophen und Wissenschaftlern der Evolutionsbiologie anführen werde. Hier ist das erste Zitat zu diesem Punkt vom Philosophen Elliott Sober:

„Wenn all diese Arten einen gemeinsamen Vorfahren haben, mussten die von diesem gemeinsamen Vorfahren abstammenden Linien mit demselben Merkmalswert beginnen. Daraus folgt, dass die Aufgabe, zu erklären, warum Wirbeltiere Kameraaugen haben, im Wesentlichen mit der Aufgabe verbunden ist, zu erklären, warum andere Gruppen andere Arten von Augen haben, während wieder andere überhaupt keine besitzen. Angesichts der zentralen Rolle der These der gemeinsamen Abstammung im evolutionären Denken könnte man erwarten, dass es eine umfangreiche Literatur über die Beweise für diese Behauptung gibt. Tatsächlich wird die Frage diskutiert, aber die Literatur dazu ist kaum umfangreich. Für die meisten Evolutionisten machen die Ähnlichkeiten, die verschiedene

Arten teilen, offensichtlich, dass sie gemeinsame Vorfahren haben, und es besteht kein Grund, sich weiter mit der Frage zu beschäftigen. Die Art genealogischer Frage, die in der Evolutionsbiologie weitaus mehr Aufmerksamkeit auf sich zieht, betrifft die Verwandtschaftsverhältnisse verschiedener Arten untereinander – nicht die Frage, ob sie verwandt sind."[37]

Hier ist ein weiteres Zitat von Elliott Sober, das zeigt, wie zentral die Annahme von Ähnlichkeit in Darwins Denken und der Geschichte der Evolutionsbiologie ist:

„Ähnlichkeit, also gemeinsame Abstammung. Diese Art des Argumentierens kommt so häufig in Darwins Schriften vor, dass sie es verdient, als modus Darwin bezeichnet zu werden. Die Finken auf den Galapagosinseln sind sich ähnlich, also stammen sie von einem gemeinsamen Vorfahren ab. Menschen und Affen sind sich ähnlich, also stammen sie von einem gemeinsamen Vorfahren ab. Die Beispiele sind zahlreich – nicht nur bei Darwin, sondern im gesamten evolutionären Denken bis heute (Sober 1999a)."[38]

In einigen Fällen verweisen Evolutionsbiologen auf konkrete Beispiele von Ähnlichkeit als Beweis für universelle gemeinsame Abstammung. Ein häufig angeführtes Beispiel ist der genetische Code aller Lebewesen. Hier sind einige Zitate von etablierten Evolutionsbiologen zu diesem Beispiel:

„Angesichts dessen ist es von großer Bedeutung, dass jedes Lebewesen – egal wie unterschiedlich es äußerlich erscheinen mag – auf genetischer Ebene fast genau dieselbe Sprache spricht. Der genetische Code ist universell. Ich betrachte dies als nahezu schlagenden Beweis dafür, dass alle Organismen von einem einzigen gemeinsamen Vorfahren abstammen. Die Wahrscheinlichkeit, dass sich das gleiche ‚Wörterbuch' willkürlicher Bedeutungen zweimal entwickelt, ist nahezu unvorstellbar gering."[39]

„Alles Leben auf der Erde entwickelte sich aus einem gemeinsamen Vorfahren. Wir wissen das, weil alles Leben auf der Erde dasselbe codierende Molekül, DNA, verwendet und denselben molekularen Bauplan besitzt: DNA codiert für RNA, und RNA codiert für dieselben 20 Aminosäuren, aus denen Proteine hergestellt werden – die Bausteine des Lebens.“[40]

Bevor ich auf die Logik dieses Arguments eingehe, muss ich etwas Wichtiges zum genetischen Code erwähnen. Wir wissen heute, dass der genetische Code nicht universell oder einheitlich ist. Er ist zwar bei der überwiegenden Mehrheit der Organismen gleich, aber es existieren auch zahlreiche Varianten des genetischen Codes. Dies ist ein Beispiel für eine falsche Vorhersage der Evolutionstheorie. Auch andere falsche Vorhersagen werden später in diesem Buch thematisiert. Hier ein Zitat dazu:

„Die Nicht-Universalität des genetischen Codes und die Existenz von Introns waren völlig unerwartet und widersprachen allen Annahmen aller Forscher, die den genetischen Code untersuchten. Diese Entdeckungen zeigten, dass Monod streng genommen Unrecht hatte – was für Escherichia coli gilt, gilt nicht zwangsläufig in allen Aspekten auch für einen Elefanten.“[41]

Dieser Punkt über gescheiterte Vorhersagen ist wichtig und wird später im Buch nochmals aufgegriffen. Kehren wir nun zum ursprünglichen Argument zurück. Etwas sehr Wichtiges muss beachtet werden: Das Argument für die Evolution ist ein Schluss auf die beste Erklärung (inference to the best explanation). Das bedeutet, dass man eine Beobachtung macht – in diesem Fall Ähnlichkeiten unter Lebewesen – und die möglichen Erklärungen analysiert, um festzustellen, welche Erklärung diese Beobachtung am besten erklärt. Hier ein allgemeines Zitat zur Logik dieses Argumentierens:

„Die grundlegende Logik hinter solchen Argumenten wird meist als ‚abduktiv‘ beschrieben, wie von C. S. Peirce formuliert. Die Idee ist, dass, wenn unser empirischer Befund eine vernünftigerweise zu erwartende Folge der Wahrheit einer bestimmten Hypothese wäre, dieser Befund ein Beleg für die Hypothese ist. Peirce formuliert diese Logik wie folgt:

1. Die überraschende Tatsache C wird beobachtet.
2. Wenn A wahr wäre, würde C als selbstverständlich folgen.
3. Daher gibt es Grund zur Annahme, dass A wahr ist.

Viele sind der Meinung, dass dies die grundlegende Schlussform darstellt, die vielen Wissenschaften zugrunde liegt – die darwinistische Evolutionstheorie ist ein Standardbeispiel. Wenn alle Tiere einen gemeinsamen Vorfahren haben, dann würden wir biologische Ähnlichkeiten erwarten. Biologische Ähnlichkeiten existieren, also haben wir Grund, an die Hypothese der gemeinsamen Abstammung zu glauben. Diese Art des abduktiven Schlusses kann scheitern, weil dieselben Beweise mit mehreren Hypothesen vereinbar sein können. In der Praxis werden solche abduktiven Erklärungen anhand mehrerer Kriterien bewertet – etwa Erklärungsstärke, Reichweite, Übereinstimmung mit etablierten Theorien, Fruchtbarkeit, Präzision, Vereinheitlichungskraft usw."[42]

Dies ist die grundlegende Argumentation hinter dem Argument für die universelle gemeinsame Abstammung. Die Behauptung der Evolutionisten lautet, dass diese Ähnlichkeiten nicht durch Zufall entstanden sein können und daher auf eine gemeinsame Abstammung zurückzuführen sind. Diese Denkweise lässt sich in dem zuvor genannten Zitat von Richard Dawkins erkennen. Hier ist ein weiteres Zitat von Elliott Sober:

„Modus Darwin, der Schluss auf eine gemeinsame Abstammung aus beobachteter Ähnlichkeit, ist auf Anhieb überzeugend. Schon ein kurzer Moment der Überlegung lässt erkennen, dass er die Struktur eines Wahrscheinlichkeitsarguments hat. Unser Vertrauen darauf, dass zwei Organismen oder zwei Arten gemeinsame Eltern haben, hat denselben Rechtfertigungscharakter wie unser Vertrauen darauf, dass zwei Sprachen oder zwei Texte einen gemeinsamen Ursprung haben. Die beobachtete Ähnlichkeit wäre ein großer Zufall, wenn die beiden Objekte unabhängig voneinander entstanden wären, während sie weniger überraschend wäre, wenn es eine gemeinsame Ursache gäbe." [43]

Ich denke, diese Zitate reichen aus, um zu zeigen, dass das Hauptargument der Evolutionisten für die universelle gemeinsame Abstammung auf den Ähnlichkeiten zwischen Lebewesen beruht. Das Argument lautet, dass diese Ähnlichkeiten durch Zufall höchst unwahrscheinlich sind. Daher ist die beste Erklärung für diese Ähnlichkeiten die gemeinsame Abstammung.

Es gibt mindestens vier mögliche Erklärungen für diese Ähnlichkeiten: Zufall, physikalische Notwendigkeit, gemeinsame Abstammung oder gemeinsames Design. Der Rest dieses Kapitels wird all diese Erklärungen analysieren und prüfen, welche die beste ist. Diese Analyse wird sich auch auf die vier Rechtfertigungsformen von Überzeugungen stützen, die im ersten Kapitel beschrieben wurden, und darauf, wie diese die genannten Erklärungen stützen.

Hier ist etwas, das man im Hinterkopf behalten sollte: Viele Evolutionisten sind gleichzeitig Atheisten. Das bedeutet nicht, dass alle Evolutionisten Atheisten sind oder dass die Evolution mit dem Glauben an Gott unvereinbar ist. Aber viele Evolutionisten sind Atheisten, und ich werde bestimmte Argumente für und gegen die Existenz Gottes heranziehen, um eine Analyse der Erkenntnistheorie und der Rechtfertigungen von Überzeugungen bei Evolutionisten durchzuführen und zu analysieren, wie konsequent sie in ihren Argumenten und Überzeugungen sind.

Zufall

Dies ist die erste mögliche Erklärung für die Ähnlichkeiten zwischen Lebewesen. Diese Erklärung besagt, dass alle Ähnlichkeiten auf reinen Zufall oder bloße Koinzidenz zurückzuführen sind. Ich halte das nicht für eine rationale Erklärung, und auch die Evolutionisten sehen dies nicht als rationale Erklärung an – wie aus den vorherigen Zitaten ersichtlich. Allerdings gibt es massive Probleme in der Erkenntnistheorie der Evolutionisten, und ihre Ablehnung des Zufalls als Erklärung ist inkonsequent und irrational. Dafür gibt es mehrere Gründe.

Der erste Grund, den ich analysieren werde, betrifft die Feinabstimmung des Universums. Dies ist ein sehr wichtiges Konzept in der Physik und wird regelmäßig in Debatten über die Existenz Gottes diskutiert. Hier ist ein Zitat zu diesem Thema:

„Wir leben nicht nur auf einem freundlichen Planeten, sondern auch in einem freundlichen Universum. Aus der Tatsache unserer Existenz folgt, dass die physikalischen Gesetze freundlich genug sein müssen, um Leben zu ermöglichen. Es ist kein Zufall, dass wir nachts Sterne sehen – denn Sterne sind eine notwendige Voraussetzung für die Existenz der meisten chemischen Elemente, und ohne Chemie gäbe es kein Leben. Physiker haben berechnet, dass das Universum, wenn die Gesetze und Konstanten der Physik auch nur geringfügig anders wären, sich so entwickelt hätte, dass Leben unmöglich wäre. Verschiedene Physiker drücken es unterschiedlich aus, aber die Schlussfolgerung ist stets dieselbe.“[44]

Kurz zusammengefasst: Wenn die universellen Konstanten und Gesetze nur geringfügig anders wären, würde unser Universum kein komplexes Leben ermöglichen. Die Tatsache, dass diese Konstanten und Gesetze exakt die Werte haben, die Leben ermöglichen, wird als Feinabstimmung des Universums bezeichnet. Diese Feinabstimmung ist ein äußerst starkes und weitverbreitetes Argument für die Existenz Gottes.

Eine der beliebtesten atheistischen Antworten auf dieses Argument, die in der westlichen Wissenschaft weit verbreitet ist, lautet: das Multiversum. Diese Theorie besagt, dass es eine unendliche Anzahl von Universen gibt. Selbst wenn also die Feinabstimmung unseres Universums extrem unwahrscheinlich ist, würden solche Bedingungen in mindestens einem Universum auftreten – einfach aufgrund der schieren Menge.[45] Die Logik dahinter lautet: In einem unendlichen Multiversum kann alles passieren, ganz gleich, wie unwahrscheinlich es ist.

Hier liegt das Problem für Evolutionisten, die das Multiversum als vernünftige Erklärung der Feinabstimmung akzeptieren. In einem unendlichen Multiversum kann jedes noch so unwahrscheinliche Ereignis zufällig geschehen. Wenn das so ist, dann sind alle Argumente der Evolutionisten, die auf Wahrscheinlichkeiten beruhen, automatisch hinfällig. Denn in einem unendlichen Multiversum ist nichts unwahrscheinlich.

Dies ist ein Beispiel für die inkonsistente Erkenntnistheorie und die Doppelmoral der Evolutionisten – auch wenn dieses Problem nur Evolutionisten betrifft, die das Multiversum als plausible Erklärung für die Feinabstimmung akzeptieren. Aber es gibt ein weiteres Problem, das alle Evolutionisten betrifft, auch jene, die das Multiversum ablehnen.

Eines der ältesten und am weitesten verbreiteten Argumente für die Evolution lautet: In der „deep time" (also über Milliarden Jahre hinweg) ist alles möglich, und deshalb ist Evolution nahezu unvermeidlich. Das bedeutet: Auch wenn wir heute keine massiven evolutionären Veränderungen beobachten, kann in Milliarden Jahren alles Mögliche passieren. Dies wird oft als Rechtfertigung verwendet, um zu behaupten, dass Leben durch ungeplante, natürliche Prozesse entstehen kann. Denn: Gibt man der Natur nur genug Zeit, wird sich schon alles irgendwie entwickeln.

Hier kommt ein wichtiger Punkt: Dies ist ein allgemeines Argument der Evolutionisten ohne Berechnungen, Beweise oder Logik – es beruht lediglich auf Intuition. (Das Problem, dass Evolutionisten ihre Intuition als Beweis verwenden, wird später noch analysiert.)

Ein weiteres Beispiel für die Verwendung der Milliarden-Jahre-Argumentation durch Evolutionisten zeigt sich bei bestimmten Schwierigkeiten mit ihrer Theorie. Viele evolutionäre Behauptungen stoßen auf Wahrscheinlichkeitsprobleme, die unter Annahme der Evolution extrem unwahrscheinlich erscheinen. Hier ist ein Zitat zu einem solchen Fall aus der Biogeographie:

„Andere Beispiele für unerwartete ozeanische Ausbreitung umfassen Affen von Afrika nach Südamerika, flugunfähige Insekten von Neuseeland zu den Chatham-Inseln, mehrere Verbreitungen von Chamäleons im Indischen Ozean, weitere Amphibienfälle und – kontroverser – flugunfähige Laufvögel nach Neuseeland. Obwohl Darwin offenbar falsch lag, als er dachte, Amphibien könnten niemals Salzwasser überqueren, unterstreichen diese Fälle eine allgemeine Botschaft des großen Evolutionisten: Gibt man genügend Zeit, können viele Dinge passieren, die unwahrscheinlich erscheinen."[46]

Dieses Problem wird später im Buch ausführlich behandelt. Für den Moment genügt es zu wissen, dass es sich hier um wiederholte Ereignisse handelt, die unter Annahme der Evolution unwahrscheinlich wären. Die evolutionistische Antwort lautet: Mit genug Zeit kann alles passieren. Hier ist das Problem:

Wenn man behauptet, dass in Milliarden von Jahren alles geschehen kann und daher Leben durch ungesteuerte Prozesse entstehen kann – warum sollte dann nicht auch jede Ähnlichkeit unter Lebewesen durch Zufall und Milliarden Jahre erklärbar sein? Entweder sind Milliarden Jahre ein gültiges Argument für das Entstehen hochgradig unwahrscheinlicher Dinge – oder eben nicht. Man kann dieses Argument nicht dann verwenden, wenn es einem passt, und es ablehnen, wenn es einem nicht passt. Auch dies ist ein weiteres Beispiel dafür, wie evolutionistische Argumente gegen sie selbst wirken und die Inkonsequenz und Doppelmoral ihrer Denkweise offenbaren.

Diese Sektion zeigt die Probleme der Evolutionisten bei der Zurückweisung von Zufall als Erklärung für die Ähnlichkeiten im

Leben. Auch ich akzeptiere den Zufall nicht als Erklärung – doch der Unterschied liegt darin, dass meine Ablehnung des Zufalls auf einer konsistenten erkenntnistheoretischen Grundlage beruht, was ich im nächsten Abschnitt zur physikalischen Notwendigkeit weiter erläutern werde. Die evolutionistische Zurückweisung hingegen ist inkonsistent und entlarvt die grundsätzlichen Probleme ihrer Denkweise.

Physikalische Notwendigkeit

Dies ist die zweite mögliche Erklärung für die Ähnlichkeiten in lebenden Organismen. Diese Erklärung besagt, dass es physikalisch unmöglich oder zumindest höchst unwahrscheinlich ist, dass diese Ähnlichkeiten nicht existieren. Dabei ist Folgendes wichtig zu beachten: Der einzige Grund, warum die Ähnlichkeiten in lebenden Organismen oder die feinabgestimmten Konstanten des Universums als unwahrscheinlich gelten, ist, dass wir annehmen, dass es möglich ist, dass diese Ähnlichkeiten nicht vorhanden sind oder die Konstanten andere Werte haben. Wenn wir jedoch annehmen, dass dies unmöglich ist, dann besteht keine Unwahrscheinlichkeit in Bezug auf diese Konstanten oder Ähnlichkeiten.

Ich werde erneut ein Beispiel für eine Antwort auf das Feinabstimmungsproblem geben. Eine sehr verbreitete Antwort in der westlichen Wissenschaft – und dies wird von vielen Evolutionisten als rational und vernünftig angesehen – ist, dass die feinabgestimmten Konstanten des Universums notwendig sind.[47] Das bedeutet, dass es unmöglich oder äußerst unwahrscheinlich ist, dass diese Konstanten andere Werte annehmen. In diesem Fall wollen die Evolutionisten einfach annehmen, dass es unmöglich ist, dass diese Konstanten andere Werte haben.

Im Fall der Ähnlichkeiten wollen die Evolutionisten hingegen annehmen, dass es möglich oder wahrscheinlich ist, dass Lebewesen unterschiedlich sind oder diese Ähnlichkeiten nicht aufweisen. In beiden Fällen gibt es keine Möglichkeit, zu beweisen, dass das Universum andere Werte haben könnte oder dass diese Ähnlichkeiten nicht existieren müssten. Doch Evolutionisten wollen sich je nach Belieben auf eine pauschale Möglichkeit berufen oder eine Unmöglichkeit annehmen – was erneut die Inkonsequenz und Unehrlichkeit ihrer Erkenntnistheorie zeigt.

Konvergente Evolution

Bevor wir fortfahren, gibt es einen wichtigen Punkt zu besprechen, der sich durch dieses Kapitel ziehen wird und bedeutende Implikationen in Bezug auf physikalische Notwendigkeit hat. Laut den Evolutionisten gibt es eine enorme Anzahl an Ähnlichkeiten in lebenden Organismen, die auf gemeinsame Abstammung zurückzuführen sind. Doch ebenso gibt es eine enorme Anzahl an Ähnlichkeiten in lebenden Organismen, die nicht auf gemeinsame Abstammung zurückzuführen sind.[48] Diese nennt man konvergente Evolution. Ich werde dieses Thema und die Erklärung dieses Phänomens sehr detailliert untersuchen, da es im Zusammenhang mit gemeinsamer Abstammung und gemeinsamem Design eine Rolle spielen wird. Wichtig ist: Konvergente Evolution ist kein seltenes Phänomen. Sie ist weit verbreitet unter lebenden Organismen. Hier ist ein Zitat, das dies bestätigt:

„Ist die Evolution des Lebens so stark durch die Geometrie des Universums und die physikalischen Konstanten der Natur eingeschränkt, dass ihr Verlauf vorhersehbar ist? Oder gibt es so viele alternative evolutionäre Wege, dass es unmöglich wäre, den Verlauf der Evolution vorherzusagen? Wir können uns leicht ein Universum vorstellen, in dem jede Spezies morphologisch völlig anders ist als jede andere und jede ihre eigene einzigartige ökologische Rolle oder Nische hat. Dieses Universum existiert nicht. Stattdessen leben wir in einem Universum, in dem konvergente Evolution auf allen Ebenen verbreitet ist – von den äußeren Formen der Lebewesen bis hin zu den Molekülen, aus denen sie bestehen, von ihren ökologischen Rollen bis hin zur Funktionsweise ihres Geistes.“[49]

Ursprünglich und über den Großteil ihrer Geschichte hinweg betrachteten Evolutionisten konvergente Evolution als unwahrscheinliche Ähnlichkeiten, die durch Zufall entstanden sind. Konvergente Evolution wurde lange Zeit als etwas Unwahrscheinliches angesehen – auch wenn viele moderne Evolutionisten dies heute nicht mehr zugeben wollen. Der Grund dafür ist einfach: Evolutionisten sahen Ähnlichkeit stets als Hinweis auf gemeinsame Abstammung, und das Auftreten von Ähnlichkeiten ohne gemeinsame Abstammung galt immer als unwahrscheinlich. Das ist ein Beispiel für eine gescheiterte Vorhersage der Evolutionstheorie, auch wenn viele das bestreiten. Hier ein Zitat zu Darwins Sicht auf konvergente Evolution:

„Charles Darwin empfand die konvergente Evolution der Elektrorezeption bei elektrischen Fischen als so ungewöhnlich und unwahrscheinlich, dass er sie in *On the Origin of Species* in seine Liste von Schwierigkeiten für die Theorie der natürlichen Selektion aufnahm: 'Die elektrischen Organe stellen eine weitere und ernstere Schwierigkeit dar; denn sie kommen nur bei etwa einem Dutzend Fischen vor, von denen mehrere in ihren Verwandtschaftsverhältnissen weit entfernt sind. Wenn dasselbe Organ in mehreren Mitgliedern derselben Klasse erscheint, besonders wenn diese Mitglieder sehr unterschiedliche Lebensweisen haben, dann können wir seine Existenz im Allgemeinen auf Vererbung von einem gemeinsamen Vorfahren zurückführen; und sein Fehlen bei einigen Mitgliedern auf Verlust durch Nichtgebrauch oder natürliche Selektion. Aber wenn die elektrischen Organe von einem alten gemeinsamen Vorfahren geerbt worden wären, dann hätten wir erwarten können, dass alle elektrischen Fische speziell miteinander verwandt wären.' (Darwin 1859, 193). Heute wissen wir, dass die konvergente Verteilung elektrosensorischer Organe bei Fischen viel weiter verbreitet ist, als Darwin annahm, und dass sie sogar bei Säugetieren konvergent entstanden sind. Anstatt ein Problem für die Theorie der natürlichen Selektion darzustellen, wird die konvergente Evolution elektrosensorischer Organe bei entfernt verwandten Tieren heute als Paradebeispiel für funktionale Einschränkungen und natürliche Selektion gesehen (Zakon und Unguez 1999, Hopkins 2008).“[50]

Diese Sichtweise war nicht auf Darwin beschränkt. Sie war über weite Teile der Geschichte die vorherrschende Ansicht unter Evolutionsbiologen:

„So wird heute weithin angenommen, dass die Geschichte des Lebens kaum mehr ist als ein zufälliges Durcheinander, durchsetzt von katastrophalen Massenaussterben, die den Untergang einer Gruppe bedeuteten und zugleich einer anderen Gruppe glücklicher Zufälle neue Möglichkeiten eröffneten. Die unzähligen Zufälle der Geschichte und die endlose Verkettung von Umständen machen jeden Versuch, ein Muster im evolutionären Prozess zu erkennen, zu einer lächerlichen Übung. Spult man das Band des Lebens neu ab, wie S. J. Gould es uns glauben machen will, wird das Ergebnis eine völlig andere Biosphäre sein – insbesondere ohne etwas, das einem Menschen auch nur entfernt ähnelt. Das würde die Vorstellung verstärken, dass jede andere Biosphäre in der Galaxie ebenso unterschiedlich sein muss: vielleicht etwas, das über schlammige Ufer schleicht, aber sicherlich keine Musik oder Lachen. Doch was wir über Evolution wissen, deutet auf das genaue Gegenteil hin: Konvergenz ist allgegenwärtig und die Beschränkungen des Lebens machen das Auftreten bestimmter biologischer Eigenschaften sehr wahrscheinlich, wenn nicht sogar unvermeidlich.“[51]

Laut diesen Biologen beruhte konvergente Evolution hauptsächlich auf Zufall. Eine häufig angeführte Ursache für konvergente Evolution sind ähnliche Umweltbedingungen. Dies unterscheidet sich zwar vom reinen Zufall, ist aber dennoch näher an Zufall als an physikalischer Notwendigkeit im Sinne dieses Buches. Doch die Behauptung, dass konvergente Evolution durch Umweltbedingungen verursacht wird, ist eine ad hoc-Erklärung – auch wenn einige Studien dies stützen, gibt es auch Studien, die dem widersprechen.[52]

Eine ad hoc-Erklärung ist eine Erklärung, die nachträglich erfunden wurde, um ein unerwartetes oder unwahrscheinliches Phänomen zu erklären. Warum es sich dabei um eine ad hoc-Erklärung handelt, hängt mit der Annahme über die Möglichkeit unterschiedlicher Lebewesen zusammen, die gleich noch diskutiert wird. Es ist ein häufiger Vorwurf von Evolutionisten, dass das Konzept des gemeinsamen Designs eine ad hoc-Erklärung für Ähnlichkeiten in Organismen sei. Auf diesen Vorwurf wird später im Kapitel eingegangen.

Es gibt einen aktuellen Trend unter einigen Evolutionsbiologen, die angesichts der weiten Verbreitung konvergenter Evolution argumentieren, dass diese nicht durch Zufall, sondern durch physikalische Notwendigkeit erklärt werden sollte. Hier ein Zitat dazu:

„Zwei Dinge lassen sich dazu sagen. Erstens behaupten einige Befürworter aus wissenschaftlicher Sicht, dass der Verlauf der Evolution nicht so offen ist, wie Gould es suggeriert. Verschiedene Entwicklungen deuten auf physikalische und biologische Einschränkungen hin, die automatisch begrenzen, welche Merkmale überhaupt entstehen können (McGhee 2008). Konvergente Evolution, also wenn ein Merkmal auf mehreren evolutionären Pfaden entsteht, scheint weit verbreitet zu sein. Als Beispiel: Wenn man das Band des Lebens zurückspulen würde, würden mit hoher Wahrscheinlichkeit Augen entstehen – sei es in primitiver oder fortgeschrittener Form. In der Tat haben sich in unserer eigenen Evolutionsgeschichte Augen unabhängig voneinander in verschiedenen Linien entwickelt, was ihre Unvermeidlichkeit zeigt (Morris 2003, 147–196). Das ist natürlich nur ein Beispiel; es gibt viele weitere in der Fachliteratur (Morris 2003, 283–310; McGhee 2011). Ob dies jedoch auf Teleologie hindeutet, ist umstritten (Morris 2008)."[53]

Warum ich mich so intensiv mit der korrekten Erklärung konvergenter Evolution beschäftige, wird im Abschnitt über gemeinsames Design und gemeinsame Abstammung deutlich werden. Ich denke nicht, dass konvergente Evolution durch Zufall, Umweltbedingungen oder physikalische Notwendigkeit erklärt werden kann.

Der Grund, warum Zufall nicht ausreicht, ist, dass es zu viele Fälle konvergenter Evolution gibt. Es ist ein allgegenwärtiges Phänomen, wie die in diesem Buch zitierten Quellen zeigen. Der Grund, warum Umweltbedingungen oder physikalische Notwendigkeit konvergente Evolution nicht erklären können, ist, dass beide Erklärungen auf der Annahme pauschaler Unmöglichkeit oder Unwahrscheinlichkeit beruhen.

Die Umweltbedingungen-Erklärung geht davon aus, dass es unwahrscheinlich oder unmöglich ist, dass sich Organismen auf unterschiedliche Weise an dieselben Umweltbedingungen anpassen. Die physikalische Notwendigkeit setzt voraus, dass es unmöglich oder höchst unwahrscheinlich ist, dass diese Ähnlichkeiten nicht existieren oder dass die Organismen in anderen Formen existieren könnten.

Diese Annahme ist für Evolutionisten problematisch, weil ihre gesamte Argumentation zugunsten gemeinsamer Abstammung auf der Annahme basiert, dass Organismen auch anders sein könnten und nicht notwendigerweise diese Ähnlichkeiten aufweisen müssten. In meiner Erkenntnistheorie ist die Annahme von Unmöglichkeit oder Unwahrscheinlichkeit ebenfalls problematisch, weil es nichts Intuitiv-Falsches an der Vorstellung gibt, dass diese Organismen nicht diese Ähnlichkeiten haben oder anders sind. Dass sie anders sein könnten, widerspricht auch nicht dem Prinzip von Ockhams Rasiermesser.

Es gibt also keine Rechtfertigung dafür, anzunehmen, dass es unmöglich oder unwahrscheinlich ist, dass Lebewesen unterschiedlich sein oder sich unterschiedlich anpassen könnten. Ob aus evolutionistischer oder meiner Perspektive: Die Ausgangsannahme muss sein, dass Organismen auch verschieden sein könnten. Daher scheitern sowohl physikalische Notwendigkeit als auch Zufall als Erklärung für konvergente Evolution.

Gemeinsame Abstammung und Gemeinsames Design

Nun werden wir die letzten beiden möglichen Erklärungen für die Ähnlichkeiten in lebenden Organismen besprechen: die gemeinsame Abstammung und das gemeinsame Design. Diese beiden Erklärungen müssen zusammen behandelt werden. Bevor ich auf den Vergleich dieser Erklärungen eingehe, möchte ich zunächst erläutern, warum gemeinsames Design zumindest eine plausible Erklärung für die Ähnlichkeiten in lebenden Organismen darstellt.

Evolutionisten behaupten typischerweise, dass gemeinsames Design eine ad hoc-Erklärung für alle Ähnlichkeiten in lebenden Organismen sei und dass diese Ähnlichkeiten unerwartet oder unwahrscheinlich wären, wenn intelligentes Design wahr wäre. Das ist eine unsinnige und unlogische Behauptung – aus einem ganz einfachen Grund: In unserer Erfahrung sehen wir regelmäßig, dass Designer, Hersteller, Produzenten oder Autoren bei der Gestaltung, Herstellung oder dem Schreiben von Produkten oft ähnliche Elemente verwenden.

Wenn zum Beispiel ein Softwareentwickler mehrere Programme entwirft, lassen sich in seinen verschiedenen Produkten häufig offensichtliche Ähnlichkeiten erkennen. Wenn ein Autor mehrere Bücher schreibt, gibt es stilometrische oder sprachliche Gemeinsamkeiten zwischen seinen Werken. Dasselbe gilt für Künstler, die mehrere Gemälde anfertigen, Architekten, die verschiedene Gebäude entwerfen, oder Hersteller, die mehrere unterschiedliche Produkte entwickeln. In unserer Erfahrung ist es also eindeutig plausibel, dass Ähnlichkeiten zwischen verschiedenen Dingen auf das Wirken eines gemeinsamen Designers zurückzuführen sind.

Da intelligentes Design zumindest eine mögliche und plausible Erklärung ist, müssen wir nun die gemeinsame Abstammung und die

Belege sowie die Begründung für deren Plausibilität als Erklärung für Ähnlichkeiten in lebenden Organismen untersuchen. In der Regel verfolgen Evolutionisten zwei Strategien, um die gemeinsame Abstammung als plausible Erklärung zu rechtfertigen.

Eine Herangehensweise besteht darin, intelligentes Design als Erklärung für das Leben auszuschließen und dann zu argumentieren, dass diese Ähnlichkeiten weder durch Zufall noch durch physikalische Notwendigkeit erklärbar sind und daher zwangsläufig auf gemeinsame Abstammung zurückzuführen sein müssen. Ich habe einige Einwände gegen intelligentes Design bereits früher in diesem Buch behandelt und werde hier noch einige wichtige Punkte ansprechen.

Es gibt mehrere Wege, wie Evolutionisten versuchen, intelligentes Design auszuschließen. Eine Methode besteht darin, zu behaupten, dass man Beweise dafür brauche, dass intelligentes Design überhaupt möglich sei. Doch auf Grundlage der von beiden Seiten verwendeten Erkenntnistheorie – sei es durch Intuitionen oder Varianten von Ockhams Rasiermesser – ist intelligentes Design eine plausible und rationale Erklärung. Ein rationaler Mensch hat also keinen Grund, diese Behauptung der Evolutionisten ernst zu nehmen.

Ein weiterer Weg, wie Evolutionisten intelligentes Design ausschließen wollen, ist folgender: Sie argumentieren, dass wir ungerichtete physikalische Prozesse beobachten, die zumindest einige Merkmale oder Aspekte des Lebens verursachen. Da wir nirgends intelligentes Design bei lebenden Organismen beobachten, liege die Beweislast bei jenen, die behaupten, intelligentes Design sei eine rationale oder plausible oder auch nur mögliche Erklärung für Merkmale lebender Organismen.

Diese Behauptung lässt sich sehr einfach widerlegen. Ja, wir sehen physikalische Prozesse, die einige Merkmale oder Aspekte des Lebens verursachen. Hier ein Zitat zu dieser Tatsache:

„Der Evolutionsbiologe Mark Ridley fasst vier Hauptbeweislinien für die darwinistische Evolutionstheorie zusammen. Erstens (1):

Kleinere Veränderungen bei Organismen können direkt beobachtet werden. Daraus wird dann extrapoliert, dass auch frühere Veränderungen bei Organismen durch dieselben heute beobachteten evolutionären Mechanismen erklärbar sind."[54]

Ob diese Prozesse jedoch ungerichtet und blind sind oder durch intelligentes Design gesteuert werden, ist nichts, was wir empirisch beobachten oder messen können. Dieses Argument der Evolutionisten ist also widerlegt. Wenn sie fordern, dass intelligentes Design nur dann als plausible Erklärung gelten kann, wenn es empirisch nachgewiesen werden kann, dann müssten sie – mit derselben Logik – auch empirische Beweise dafür liefern, dass das Leben durch ungerichtete physikalische Prozesse entstanden ist.

Außerdem wurden bisher nur sehr kleine Veränderungen in lebenden Organismen durch physikalische Prozesse beobachtet. Der Großteil der angeblichen Evolution wird von Evolutionisten lediglich vermutet, ohne dass die Veränderung tatsächlich beobachtet wurde. Wenn man der Logik der Evolutionisten folgt, müssten sie Beobachtungsbeweise für massive Transformationen und Veränderungen in lebenden Organismen vorlegen, um zu zeigen, dass Evolution stattfindet. Das ist etwas, das sie nie tun konnten und nie tun werden. Wenn Evolutionisten dieses Kriterium selbst nicht ernst nehmen, warum sollte es jemand anderes tun?

Ein weiteres Argument der Evolutionisten gegen intelligentes Design oder zumindest zur Verlagerung der Beweislast ist der Hinweis auf bestimmte Unterschiede zwischen lebenden und von Menschen hergestellten Dingen – etwa die Fähigkeit zur Fortpflanzung. Die Behauptung lautet, dass aufgrund dieser Unterschiede plausibel sei, dass Leben auch ohne Design entstehen könne. Hier ein Zitat zu diesem Argument:

„Biologische Strukturen sollten nicht wörtlich als Maschinen verstanden werden, da diese Metapher in mancher Hinsicht irreführend sein kann. Zum Beispiel können von Menschen gebaute

Maschinen sich nicht fortpflanzen und somit auch nicht evolvieren. Pigliucci und Boudry argumentieren, dass die Maschinenmetapher aufgegeben oder zumindest mit großer Vorsicht verwendet werden sollte, da sie zu leicht zur Annahme verleitet, dass biologische Maschinen entworfen worden sein müssen."[55]

Dieses Argument hat zwei Probleme. Erstens handelt es sich dabei um einen pauschalen Rückgriff auf Möglichkeit – es wird einfach angenommen, dass Leben aufgrund der Fortpflanzung ohne Design entstehen könne. Die Probleme solcher unbegründeten und pauschalen Möglichkeiten wurden bereits früher in diesem Buch behandelt. Zweitens erhöht gerade die Fähigkeit zur Fortpflanzung die Komplexität lebender Organismen, was den Bedarf an Design eher **erhöht** als vermindert. Dieses Argument ist also aus mehreren Gründen untauglich.

Eine weitere Methode, mit der Evolutionisten intelligentes Design ausschließen wollen, besteht in sogenannten „Bad Design"-Argumenten, also dem Hinweis auf angeblich schlechte oder unvollkommene Konstruktionen in der Natur, oder in Argumenten, die auf das Problem des Bösen abzielen. Diese Argumente werde ich in einem zukünftigen Buch behandeln, doch schon jetzt ist klar: Diese Argumente können **nicht** beweisen, dass das Leben ohne Design entstanden ist. Denn denkbar ist auch, dass ein Designer unvollkommen oder böse ist – ich glaube das nicht, aber es ist zumindest vorstellbar.

Im besten Fall könnten solche Argumente beweisen, dass der Designer nicht perfekt ist oder böse. Sie können jedoch **nicht** widerlegen, dass das Leben durch einen intelligenten Designer geschaffen oder verursacht wurde. Natürlich sind diese Argumente ohnehin schwach und leicht zu entkräften – wie ich noch zeigen werde. Das sind die Wege, wie Evolutionisten versuchen, intelligentes Design als Erklärung für Ähnlichkeiten in lebenden Organismen auszuschließen.

Die zweite Herangehensweise, mit der Evolutionisten gemeinsame Abstammung begründen, besteht darin, sich auf Intuitionen oder eine bestimmte Version von Ockhams Rasiermesser zu berufen und zu behaupten, dass die intuitive oder offensichtliche Erklärung für diese Ähnlichkeiten die gemeinsame Abstammung sei. Bevor ich auf dieses Argument eingehe, ist Folgendes zu beachten:

Im ersten Kapitel dieses Buches habe ich zahlreiche Belege dafür geliefert, dass Design intuitiv ist. Ich habe auch gezeigt, dass die Version von Ockhams Rasiermesser, auf die sich Evolutionisten für ihr Argument berufen, **ebenfalls** intelligentes Design unterstützt und rechtfertigt. Im zweiten Kapitel wurde gezeigt, dass es keinen Widerspruch zwischen gemeinsamer Abstammung und intelligentem Design gibt.

Wenn Evolutionisten also meinen, dass Intuition oder diese Variante von Ockhams Rasiermesser ausreichend sind, um gemeinsame Abstammung zu begründen, dann gelten dieselben Maßstäbe **auch** für intelligentes Design – und sie haben keinen Grund, diese Rechtfertigungen im Fall des Designs abzulehnen.

Nun zum Argument selbst. Die Behauptung lautet, dass angesichts der Ähnlichkeiten zwischen Lebewesen gemeinsame Abstammung offensichtlich oder intuitiv sei. Diese Behauptung wird von Evolutionisten immer wieder gemacht. Hier ein Zitat von Richard Dawkins, der dieses Argument vertritt:

„Man erhält denselben Stammbaum. Man erhält auch denselben Stammbaum, wenn man Gene untersucht, die keine Funktion mehr haben, die nur noch Überbleibsel sind und nichts mehr tun. ... Das ist ein überwältigend starker Beweis. Die einzige Möglichkeit, dies nicht als Beweis für die Wahrheit der Evolution zu sehen, besteht darin, zu behaupten, dass der intelligente Designer, Gott, absichtlich versucht hat, uns zu belügen und zu täuschen."[56]

Die Behauptung der Evolutionisten ist also, dass Ähnlichkeiten in Lebewesen sowie die geschachtelte Hierarchie dieser Ähnlichkeiten den Eindruck gemeinsamer Abstammung erwecken. Hier ein weiteres Zitat, das dieses Argument erläutert:

„Die Ähnlichkeit zwischen Menschen und anderen Kreaturen auf der Erde ist nicht zufällig, sondern folgt einem bestimmten Muster. Wenn wir zum Beispiel lebende und ausgestorbene Primaten nach ihrem Ähnlichkeitsgrad zum Menschen ordnen, ergibt sich eine Hierarchie: Menschen und Homo habilis sind sich äußerst ähnlich – viele Aspekte unseres Designs sind praktisch identisch – und sie sind einander ähnlicher als beide es mit Schimpansen sind; Menschen und Schimpansen sind ebenfalls sehr, sehr ähnlich, und einander ähnlicher als beide es mit Gorillas sind; und dieses Muster setzt sich fort bis zu Orang-Utans, Gibbons usw.

Dieses Muster hierarchischer Ähnlichkeit findet sich auch in anderen Gruppen von Organismen: Die Gruppen selbst bilden ihre eigenen übergeordneten hierarchischen Muster. Primaten als Gruppe sind anderen Säugetieren ähnlicher als Reptilien, Primaten und Reptilien sind einander ähnlicher als Amphibien, usw. Ordnet man alle Organismen nach ihrem Ähnlichkeitsgrad, kann die gesamte irdische Biodiversität – einschließlich des Menschen – als eine unvollkommene Hierarchie von Hierarchien beschrieben werden, eine 'geschachtelte Hierarchie'. Einige Lebewesen in dieser Hierarchie ähneln dem Menschen in bestimmten Aspekten fast vollständig, wie z. B. Primaten, während selbst die am wenigsten ähnlichen – wie marine Bakterien – noch erhebliche Ähnlichkeiten aufweisen, etwa die gemeinsamen biochemischen Bausteine.

Ob ein solches geschachteltes Hierarchiemuster nun universell (oder nahezu universell) auf alle Lebensformen zutrifft oder ob dieses Muster die beste oder einzige Beschreibung für Ähnlichkeitsmuster ist, ist für die Frage nach der Herkunft des Menschen nur von begrenzter Relevanz. Der entscheidende Punkt ist, dass ein hoher Grad an Ähnlichkeit zwischen dem Menschen und anderen Lebewesen existiert – und dass diese Ähnlichkeit zumindest annähernd einer Hierarchie entspricht. Die Hierarchie wird besonders deutlich, wenn man sich speziell auf Lebewesen konzentriert, die dem Menschen am ähnlichsten sind, wie Primaten. Selbst wenn also die Ähnlichkeiten aller Lebewesen insgesamt ein verworrenes Buschmuster statt einer sauberen Hierarchie ergeben, ist es doch bemerkenswert, dass wir immer noch ein hierarchisches Muster erkennen können, wenn wir uns auf die dem Menschen ähnlichsten Lebewesen beschränken."[57]

Nun werde ich dieses Argument ansprechen. Es ist wichtig, sich vor Augen zu halten, dass diese Ähnlichkeiten und Muster von Ähnlichkeiten schon lange vor Darwin bekannt waren. Hier ist ein Beleg für diese Tatsache:

„Menschen haben Organismen seit Jahrhunderten auf diese Weise klassifiziert, und das Ergebnis ist eine verschachtelte Hierarchie: Narzissen und Tiere sind Teil der Menge der Lebewesen; Austern und Wirbeltiere sind Teil der Menge der Tiere; Frösche und Vögel sind Teil der Menge der Wirbeltiere; und Rotkehlchen und Finken sind Teil der Menge der Vögel. Im Laufe der Jahrhunderte glaubten die meisten Menschen, dass diese verschachtelte Hierarchie einen göttlichen Schöpfungsplan widerspiegelt. Der schwedische Biologe Carl von Linné (latinisierte Version: Linnaeus), der im achtzehnten Jahrhundert die moderne Taxonomie begründete, indem er Pflanzen und Tiere nach Gattung und Art benannte und klassifizierte, glaubte dies."[58]

Warum ist das relevant? Die Tatsache, dass diese Ähnlichkeiten schon lange vor Darwin bekannt waren und nicht zur Annahme einer gemeinsamen Abstammung führten, zeigt, dass die Intuition der gemeinsamen Abstammung keine universelle Intuition ist, wie ich sie in Kapitel eins definiert habe. Vielmehr ist sie eine subjektive Intuition, die auf Menschen in einer bestimmten Zeit und Umgebung beschränkt ist.

Solche Intuitionen können nicht als Beweis gelten, da sie von Person zu Person und von Kultur zu Kultur variieren und sich somit widersprechen. Wessen Intuitionen sollen wir bezüglich dieser

Ähnlichkeiten vertrauen? Jemandem wie Linné, dessen Intuition war, dass diese Ähnlichkeiten auf einem gemeinsamen Design beruhen, oder jemandem wie Darwin, dessen Intuition war, dass diese Ähnlichkeiten auf eine gemeinsame Abstammung hindeuten? Abgesehen von Indoktrination und modernen Empfindlichkeiten gibt es keinen Grund, die Intuition einer Person der anderen vorzuziehen. Deshalb ist ein Argument, das auf subjektiver Intuition basiert, ein totes Argument.

Nun haben wir sowohl gemeinsame Abstammung als auch gemeinsames Design als Erklärungen für die Ähnlichkeiten im Leben diskutiert. Es gibt ein sehr einfaches Argument, warum gemeinsames Design eine bessere Erklärung für Ähnlichkeiten ist als gemeinsame Abstammung, und dieses Argument basiert auf einer Version von Ockhams Rasiermesser, die von Evolutionsbefürwortern selbst in ihrer Argumentation für die Evolution verwendet wird.

Eine Möglichkeit, wie Evolutionsbefürworter Ockhams Rasiermesser anwenden, ist folgende: Ungelenkte physikalische Prozesse können zumindest einige Aspekte des Lebens erklären. Daher ist die einfachste Erklärung für das Leben, dass es ausschließlich auf ungelenkten physikalischen Prozessen beruht, und die Person, die zusätzliche Erklärungen wie intelligentes Design einführt, trägt die Beweislast. Ich habe die Probleme mit dieser Argumentationslinie der Evolutionsbefürworter bereits früher in diesem Kapitel behandelt. Nun werden wir das größte Problem sehen, das sie selbst dadurch haben.

Laut den Evolutionsbefürwortern gibt es eine gewaltige Menge an Ähnlichkeiten im Leben, die auf gemeinsame Abstammung zurückzuführen sind. Gleichzeitig behaupten dieselben Evolutionsbefürworter, dass es ebenfalls eine gewaltige Menge an Ähnlichkeiten im Leben gibt, die unmöglich auf gemeinsame Abstammung zurückzuführen sind. Diese werden als Fälle konvergenter Evolution bezeichnet. Dies wurde bereits früher in diesem Kapitel ausführlich behandelt.

Wenn gemeinsame Abstammung als Erklärung für die Ähnlichkeiten dient, die laut Evolutionsbefürwortern auf gemeinsame Abstammung zurückgehen, muss eine andere Erklärung für all jene Ähnlichkeiten gefunden werden, die laut ihnen nicht auf gemeinsame Abstammung zurückzuführen sind. Gemeinsames Design hingegen kann alle Ähnlichkeiten, die auf gemeinsame Abstammung zurückgeführt werden, genauso gut erklären wie jene, die nicht darauf zurückzuführen sind.

Daher ist gemeinsames Design – unter Verwendung einer Version von Ockhams Rasiermesser, die von Evolutionsbefürwortern selbst verwendet wird – eine bessere und einfachere Erklärung für alle Ähnlichkeiten im Leben als gemeinsame Abstammung. Es gibt keinen Ausweg aus diesem Problem für Evolutionsbefürworter. Ihre Argumentation für Evolution basiert auf dieser Version von Ockhams Rasiermesser, aber genau diese Version widerlegt das Hauptargument für universelle gemeinsame Abstammung.

Es gibt noch einen letzten Einwand gegen gemeinsames Design als Erklärung für Ähnlichkeiten, der angesprochen werden muss. Dieser Einwand stammt von Evolutionsbefürwortern, die behaupten, dass gemeinsame Abstammung eine bessere Erklärung sei als gemeinsames Design. Der Einwand lautet: Ein intelligenter Designer hätte das Leben auf viele verschiedene Arten gestalten können – mit oder ohne diese Ähnlichkeiten. Gemeinsame Abstammung hingegen kann nur mit diesen Ähnlichkeiten stattfinden. Deshalb seien diese Ähnlichkeiten besser durch gemeinsame Abstammung erklärt als durch gemeinsames Design.

Dieser Einwand beruht auf folgender Annahme: Universelle gemeinsame Abstammung ist ohne diese Ähnlichkeiten unmöglich oder zumindest unwahrscheinlich, während Design leicht mit oder ohne Ähnlichkeiten stattfinden kann. Es müssen zwei wichtige Fragen gestellt werden: Erstens, ob Design ohne diese Ähnlichkeiten geschehen kann oder wahrscheinlich ist. Zweitens, ob gemeinsame Abstammung ohne diese Ähnlichkeiten geschehen kann oder wahrscheinlich ist.

Es gibt mehrere Probleme mit diesem Einwand. Erstens basiert er auf Intuitionen darüber, wie ein Designer handeln kann oder handeln würde. Evolutionsbefürworter tun so, als gäbe es eine universelle Vorstellung davon, wie Gott oder ein intelligenter Designer handeln würde. Das ist aus zwei Gründen nicht der Fall. Erstens hatten Menschen im Laufe der Geschichte unterschiedliche Vorstellungen darüber, wie Gott handeln würde oder sollte. Dies zeigt sich in den verschiedenen religiösen Glaubensrichtungen auf der ganzen Welt.

Zweitens sehen wir in der realen Welt, dass Designer sehr unterschiedlich arbeiten. Es gibt große Unterschiede darin, wie verschiedene Produkte oder Objekte gestaltet werden. Wenn das so ist, gibt es keine universelle Intuition darüber, wie ein intelligenter Designer handeln würde oder wie Design aussehen sollte. Diese Argumentation beruht ausschließlich auf subjektiven Intuitionen und ist daher wertlos.

Das zweite Problem mit diesem Einwand ist, dass es keinen Grund gibt zu glauben, gemeinsames Design könne mit oder ohne Ähnlichkeiten erfolgen, aber gemeinsame Abstammung nur mit diesen Ähnlichkeiten. Evolutionsbefürworter versuchen zwar, Argumente für diese Annahmen zu liefern, aber diese Argumente scheitern aus offensichtlichen Gründen.

Das Argument der Evolutionsbefürworter dafür, dass Design auf viele verschiedene Arten erfolgen kann, lautet, dass Gott allmächtig ist und daher auf unzählige Arten designen kann. Hier ist etwas zu bedenken: Obwohl ich und die meisten Verfechter des intelligenten Designs glauben, dass der Designer Gott ist, kann dies nicht wissenschaftlich bewiesen werden. Ich konzentriere mich auf bestimmte Argumente auf der Basis von Ockhams Rasiermesser, um zu zeigen, dass der Designer Gott ist, was ich in einem zukünftigen Buch behandeln werde. Aber grundsätzlich muss der Designer nicht Gott oder allmächtig sein. Wenn das der Fall ist, ist dieses Argument der Evolutionsbefürworter tot.

Übrigens ist dies ein Argument, das viele Evolutionsbefürworter selbst gegen intelligentes Design vorbringen. Es ist ein häufiges atheistisches Argument gegen Gottesbeweise. Es besagt, dass gewisse Argumente zwar beweisen könnten, dass es ein notwendiges Wesen, eine Ursache des Universums oder einen intelligenten Geist hinter dem Feintuning gibt – aber woher wissen wir, dass diese Ursache Gott ist? Dieses Argument kann nun gegen die Evolutionsbefürworter selbst gewendet werden. Somit wird dieser Einwand gegen das gemeinsame Design durch ein Argument widerlegt, das viele Evolutionsbefürworter selbst verwenden. Damit ist die Annahme behandelt, dass Design auf viele Arten möglich ist. Jetzt zur Annahme, dass gemeinsame Abstammung ohne Ähnlichkeiten unwahrscheinlich ist.

Es gibt nur eine Rechtfertigung für die Annahme, dass gemeinsame Abstammung ohne diese massiven Ähnlichkeiten unwahrscheinlich oder unmöglich ist. Diese Annahme ist, dass Evolution extrem langsam abläuft. Diese Sichtweise wird als Gradualismus bezeichnet. Wenn diese Sichtweise korrekt ist, dauert es sehr lange, bis sich eine Art in eine andere verwandelt, und dieser Wandel geschieht durch eine allmähliche Ansammlung von Veränderungen. Wenn das richtig ist, dann würden sich auch bei solchen Veränderungen die beiden Arten sehr ähnlich sein. Aufgrund dieses langsamen, schrittweisen Prozesses und der langen Zeit, die biologische Veränderungen benötigen, würden viele der Ähnlichkeiten zwischen entfernt verwandten Organismen erhalten bleiben. Wenn also universelle gemeinsame Abstammung stattfindet, wird es zwangsläufig viele Ähnlichkeiten unter allen Lebewesen geben.

Das Problem mit dieser Annahme ist: Gradualismus wird nicht durch die Beweise gestützt. Wie später in diesem Buch zu sehen sein wird, ist der Fossilbericht das größte Problem für den Gradualismus. Wenn das der Fall ist, ist dieser Einwand hinfällig, und es gibt keine Rechtfertigung für die Ansicht, dass gemeinsame Abstammung Ähnlichkeiten im Leben voraussetzt.

Wenn evolutionäre Veränderungen schnell stattfinden können, dann kann sich eine Art schnell und leicht in eine sehr unterschiedliche Art verwandeln. Wenn das der Fall ist, dann ist es unwahrscheinlich, dass es viele Ähnlichkeiten zwischen den Lebewesen gibt, da die Veränderungen zwischen den Arten gewaltig sind. In diesem Fall ist die Annahme, dass gemeinsame Abstammung nicht ohne Ähnlichkeiten stattfinden kann, falsch und widerlegt.

Dies ist der letzte wichtige Einwand gegen die Ansicht, dass das Leben entworfen wurde oder dass die Ähnlichkeiten im Leben durch intelligentes Design erklärt werden können. Es gibt noch einige andere kleinere Einwände, aber sie beruhen alle auf subjektiven Intuitionen und können leicht durch die Logik und Argumentation widerlegt werden, die bisher im Buch dargelegt wurden.

Fazit

In diesem Buch habe ich bisher jeden wichtigen Einwand behandelt, dem ich begegnet bin, wenn es um die Frage geht, ob das Leben entworfen wurde oder ob die Ähnlichkeiten im Leben auf intelligentes Design zurückzuführen sind – mit Ausnahme des Problems des Bösen und der Argumente über schlechtes Design, die in einem zukünftigen Buch behandelt werden.

Soweit ich die Literatur kenne, führen Bücher von Verfechtern des intelligenten Designs zwar gemeinsames Design als Erklärung für diese Ähnlichkeiten an, liefern aber keine Argumente dafür, dass gemeinsames Design die beste Erklärung ist. Und abgesehen vom Hinweis auf konvergente Evolution bringen sie keine Argumente dagegen vor, dass gemeinsame Abstammung die Erklärung für Ähnlichkeiten sei. Dieses Buch geht viel detaillierter auf dieses Thema ein als jedes Buch, das bisher von Vertretern des intelligenten Designs geschrieben wurde. Jetzt werden wir einige der gängigen Argumente für Evolution analysieren und sehen, wie sie sich im Licht der Kritik behaupten.

Das allgemeine Muster des Fossilienbefunds

Der Fossilienbefund ist die Gesamtheit aller Fossilien, die wir von Lebewesen besitzen, die im Verlauf der Erdgeschichte existiert haben. Fossilien sind die erhaltenen Überreste von Pflanzen und Tieren, deren Körper in Sedimenten wie Sand und Schlamm unter urzeitlichen Meeren, Seen und Flüssen begraben wurden. Fossilien umfassen auch jede erhaltene Spur von Leben, die in der Regel mehr als 10.000 Jahre alt ist.[59] Hier ist eine allgemeine Erklärung des Fossilienbefunds:

„Der Fossilienbefund bezieht sich einfach auf die Knochen vergangener Arten, die entdeckt wurden. Die Erdkruste ist geschichtet, was bedeutet, dass es mehrere Schichten im Boden gibt. Jede Schicht entspricht einem bestimmten Zeitraum in der Erdgeschichte. Das können wir durch verschiedene geologische und chemische Analysen herausfinden. Wenn also ein bestimmtes Fossil in einer bestimmten Schicht gefunden wird, bringen wir den entsprechenden Zeitraum normalerweise mit der Existenzperiode dieses Organismus in Verbindung (innerhalb einer bestimmten Messgenauigkeit je nach verwendeter Methode). Es gibt zwei allgemeine Regeln, die man beim Fossilienbefund beachten sollte. Erstens befinden sich ältere Schichten tiefer im Boden. Je tiefer wir also graben, desto weiter gehen wir in der Zeit zurück. Zweitens scheint es eine grobe Zunahme der Komplexität von Organismen zu geben, wenn wir uns von älteren zu jüngeren Schichten bewegen."[60]

Die meisten Argumente für oder gegen die Evolution basieren auf Schlussfolgerungen und indirekten Argumenten, aber der Fossilienbefund ist die harte, kalte Tatsache der Lebensgeschichte. Diese Tatsache macht den Fossilienbefund zur wichtigsten Datenquelle, die wir berücksichtigen müssen, um zu sehen, ob die Evolution wahr ist oder nicht. Es gibt mehrere wichtige und voneinander unabhängige Argumente, die von Evolutionisten auf Grundlage des Fossilienbefunds vorgebracht werden.

Einige dieser Argumente behaupten, dass das Leben als Ergebnis ungerichteter physikalischer Prozesse entstanden sei, und andere argumentieren für eine universelle gemeinsame Abstammung. In diesem Kapitel werden wir eines dieser Argumente analysieren und auch den Zusammenhang zwischen dem Fossilienbefund und der Logik der Evolution untersuchen. Ein weiterer wichtiger Aspekt wird die Frage sein, welche Vorhersagen die Evolutionstheorie in Bezug auf den Fossilienbefund macht. Schließlich werden wir prüfen, ob dieses Argument falsifizierbar ist und ob es die Evolution tatsächlich belegen kann.

Es gibt zwei Hauptargumente, die von Evolutionisten auf Grundlage des Fossilienbefunds vorgebracht werden. Das erste Argument ist, dass der Fossilienbefund ein graduelles Muster der Evolution zeigt. Das bedeutet, dass wir zahlreiche aufeinanderfolgende Fälle eines sequentiellen Musters im Fossilienbefund haben. Die Behauptung lautet, dass dieses Muster der evolutionären Vorhersage des Gradualismus entspricht und dass kleine aufeinanderfolgende Veränderungen über lange Zeiträume zur Entstehung neuer Lebensformen führen können. Die Behauptung lautet weiter, dass dieses Argument zeigt, dass neue Lebensformen ohne einen intelligenten Designer entstehen können. Dies ist ein Argument für den Mechanismus der Evolution.

Das zweite Argument lautet, dass es viele Übergangsfossilien gibt. Das bedeutet, dass es eine große Anzahl von Arten in der Geschichte des Lebens gibt, die Merkmale von zwei anderen unabhängigen Arten aufweisen und als Übergangsformen oder Fossilien zwischen diesen beiden Arten verstanden werden können. Dieses Argument ist ein Argument für die universelle gemeinsame Abstammung und basiert auch auf der im vorherigen Kapitel diskutierten Logik, dass die Ähnlichkeiten auf gemeinsame Abstammung zurückzuführen sind.

Beide Argumente haben ihre Probleme und bedürfen einer kritischen Analyse. Dieses Kapitel wird das Argument für den Mechanismus der Evolution und die Behauptung behandeln, dass neue Lebensformen ohne intelligenten Entwurf entstehen können. Das Argument der Übergangsfossilien wird im nächsten Kapitel behandelt.

Hier ist das Argument aus dem Fossilienbefund für den Mechanismus der Evolution: Der Fossilienbefund zeigt eine zeitliche Abfolge von Fossilien mit leichten Variationen, was den Anschein eines graduellen Wandels von einer Art zur anderen erweckt. Die Behauptung der Evolutionisten ist, dass diese kleinen Veränderungen und Variationen in Arten durch zufällige Mutationen entstehen können. Die natürliche Selektion kann dann vorteilhafte zufällige Mutationen bewahren, was zur Entstehung neuer Lebensformen führt.

Dies ist nach Ansicht der meisten Evolutionisten der primäre physikalische Prozess oder Mechanismus hinter dem Leben, obwohl auch viele andere physikalische Prozesse oder Mechanismen beteiligt sind. Dies ist keineswegs der einzig mögliche primäre Mechanismus für die Evolution, und viele moderne Evolutionsbiologen haben sich für andere Mechanismen als den primären Mechanismus der Evolution ausgesprochen.

Nun möchte ich nochmals auf den Punkt der physikalischen Prozesse eingehen, was sowohl den neodarwinistischen Mechanismus als auch andere Mechanismen betrifft. Wie ich bereits früher im Buch erwähnt habe, gibt es von Seiten der Evolutionisten die Behauptung, dass es einen Widerspruch zwischen physikalischen Prozessen und Mechanismen wie zufälligen Mutationen, natürlicher Selektion und anderen physikalischen Prozessen und intelligentem Design gebe. Die Behauptung lautet, dass, weil physikalische Prozesse den Ursprung und die Diversifizierung des Lebens erklären können, es keinen Grund gibt, intelligentes Design anzunehmen, und dass das Leben ohne intelligentes Design erklärt und existieren kann. Hier liegt das Problem dieser Behauptung.

Die Evolutionisten machen hier einen logischen Sprung. Sie nehmen die Tatsache, dass physikalische Prozesse den Ursprung und die Diversifizierung des Lebens erklären und verursachen können, und behaupten dann, dass blinde und ungerichtete physikalische Prozesse den Ursprung und die Diversifizierung des Lebens verursachen können und dass daher kein intelligentes Design erforderlich sei. Diese zweite Behauptung folgt jedoch nicht logisch aus der ersten.

Selbst wenn man einen physikalischen Mechanismus hat, der den Ursprung und die Diversifizierung des Lebens erklärt, und gute Beweise dafür hat, dass dieser Mechanismus die Ursache ist, folgt daraus nicht, dass der Mechanismus ungerichtet arbeitet oder kein intelligentes Design erfordert. Beweise für einen bestimmten Evolutionsmechanismus belegen also nicht die Annahme, dass das Leben aufgrund ungerichteter oder blinder physikalischer Prozesse entstanden und diversifiziert ist. Die Evolutionisten nutzen den neodarwinistischen Mechanismus und ähnliche Mechanismen, um zu argumentieren, dass das Leben durch blinde physikalische Prozesse entstanden sei. Diese Schlussfolgerung ergibt sich nicht aus den Daten.

Es gibt hier noch ein weiteres sekundäres Argument der Evolutionisten. Die Behauptung lautet, dass viele verschiedene Tiere oder Pflanzen, die zeitlich nahe beieinander in der Geschichte des Lebens existierten, viele Ähnlichkeiten aufweisen und in gewisser Weise sequentiell erscheinen, was den Eindruck erweckt, dass sich eine Art in eine andere verwandelt hat. Um dies am besten zu veranschaulichen, werde ich hier zwei Bilder einfügen: eines, das angeblich die menschliche Evolution beweist,[61] und ein anderes, das angeblich die Evolution der Wale beweist.[62] Das Bild zur menschlichen Evolution zeigt den angeblichen Übergang von links nach rechts. Das Bild zur Wal-Evolution zeigt den angeblichen Übergang von unten nach oben.

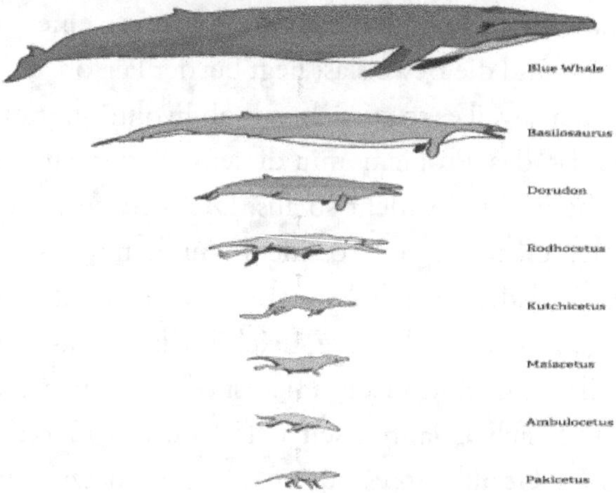

Ich werde die Evolution der Wale im Kapitel über das Argument der Übergangsfossilien behandeln. Die menschliche Evolution werde ich in einem zukünftigen Buch behandeln, das speziell der menschlichen Evolution gewidmet ist. Hier ist das Argument der Evolutionisten: Diese nahe beieinander liegenden, sequentiellen Fossilien sehen so aus, als ob ein evolutionärer Wandel von einem Tier zum anderen stattfindet.

Dieses Argument basiert auf einer Version von Ockhams Rasiermesser, die besagt, dass, wenn etwas wie etwas aussieht, die einfachste Erklärung dafür ist, dass es tatsächlich so ist. Ich habe diese Version von Ockhams Rasiermesser bereits früher erwähnt, als ich darauf hingewiesen habe, dass Evolutionisten argumentieren, dass die Ähnlichkeiten zwischen Lebewesen wie gemeinsame Abstammung aussehen und dass das Leben wie entworfen aussieht. Das Problem für Evolutionisten mit dieser Version von Ockhams Rasiermesser wurde bereits angesprochen.

Hier ist das Argument der Evolutionisten in diesem speziellen Fall: Diese sequentiellen Formen von Tieren sehen so aus, als ob Evolution oder massive Veränderungen von einer Lebensform zu einer anderen stattfinden. Daher ist die einfachste Erklärung für diese sequentiellen Arten, dass Evolution oder Veränderungen von einer Form zur anderen stattfinden, und die Beweislast liegt bei der Person, die gegen Evolution argumentiert, weil es so aussieht, als ob Evolution stattfindet.

Hier ist das Problem mit diesem Argument: Fast der gesamte Fossilienbefund sieht nicht so aus. Die meisten neuen Lebensformen erscheinen plötzlich im Fossilienbefund, und es scheint laut dem Fossilienbefund, dass sich die meisten Arten nicht verändern und über sehr lange Zeiträume hinweg gleich bleiben. Das sieht exakt wie das Gegenteil von Evolution aus. Hier ist ein Zitat zu dieser Tatsache:

„In den sieben Jahren seit dem Tod des Harvard-Paläontologen Stephen Jay Gould gab es nur wenige Einschätzungen seiner Rolle in der Paläobiologie und Evolutionsbiologie. Obwohl es vielen Nicht-Paläontologen nicht bewusst ist, hat das 1972 erstmals von Gould und Niles Eldredge vorgeschlagene Modell des ‚punktierten Gleichgewichts' breite Akzeptanz unter Paläontologen gefunden. Fast alle Metazoen zeigen Stasis, mit kaum guten Beispielen für graduelle Evolution. Die wichtigste Implikation ist, dass fossile Arten über Millionen von Jahren hinweg statisch sind, selbst angesichts dramatischer Klimaveränderungen und anderer Umweltselektionseinflüsse. Diese weit verbreitete Stasis kann nicht durch einfache Konzepte wie ‚stabilisierende Selektion' erklärt werden und bleibt ein ungelöstes Rätsel, das von Neontologen bisher nicht vollständig adressiert oder erfolgreich erklärt wurde. Trotz der Hoffnung, dass die Paläontologie ihren Platz am ‚hohen Tisch' der Evolutionsbiologie einnehmen würde, zeigt die Tatsache, dass die meisten Biologen die Implikationen paläontologischer Konzepte wie Artensortierung und koordinierter Stasis weitgehend nicht verstehen oder akzeptieren, dass die Paläontologie noch immer nicht den Einfluss auf das evolutionäre Denken hat, den sie verdient."[63]

Der Fossilienbefund sieht also genau nicht so aus, wie er aussehen müsste, wenn Evolution stattfände. Ich habe aber eine Frage: Basierend auf der Version von Ockhams Rasiermesser, die die Evolutionisten selbst verwendet haben – werden sie nun akzeptieren, dass die Beweislast bei der Person liegt, die behauptet, dass Evolution stattfindet? Die Evolutionisten haben eine ad hoc-Erklärung für die Probleme, die ihre Theorie mit dem Fossilienbefund hat.

Wir werden diese Erklärung später in diesem Kapitel ausführlich besprechen, aber wie aus dem obigen Zitat ersichtlich ist, wird diese ad hoc-Erklärung von vielen, wenn nicht den meisten Paläontologen nicht als korrekt akzeptiert. Das ist deshalb bedeutend, weil Paläontologen diejenigen sind, die den Fossilienbefund untersuchen. Die Experten und Autoritäten auf diesem Gebiet akzeptieren also die von Evolutionisten üblicherweise vorgebrachte ad hoc-Erklärung nicht.

Dabei muss man bedenken, dass diese Paläontologen selbst Evolutionisten sind. Sie glauben, dass das Leben als Ergebnis blinder physikalischer Prozesse entstanden ist, und sie glauben an eine universelle gemeinsame Abstammung. Auch diese säkularen Mainstream-Wissenschaftler lehnen also die ad hoc-Erklärung ab, die zur Rechtfertigung der Probleme mit dem Fossilienbefund herangezogen wird – und dieser Widerspruch zwischen Fossilienbefund und Evolutionstheorie ist eine weitere gescheiterte Vorhersage der Evolutionstheorie.

Die Logik dieser Argumente ist zutiefst problematisch, aber die Wissenschaft hinter diesem Argument ist noch problematischer und stellt die Evolution vor gewaltige Schwierigkeiten. Ich werde einige Zitate zum Fossilienbefund in Bezug auf die Evolution geben. Diese Zitate stammen aus populärwissenschaftlicher Literatur von Evolutionisten. Hier sind einige Aussagen zum Muster des Fossilienbefunds, das angeblich als Beweis für Evolution gilt:

„Aber Darwin hatte dennoch einige fossile Beweise für die Evolution. Dazu gehörte die Beobachtung, dass urzeitliche Tiere und Pflanzen sich stark von heutigen Arten unterschieden und den modernen Arten immer ähnlicher wurden, je weiter man sich zu jüngeren Gesteinsschichten bewegte. Er stellte auch fest, dass Fossilien in benachbarten Schichten einander ähnlicher waren als solche aus weiter auseinanderliegenden Schichten, was auf einen graduellen und kontinuierlichen Prozess der Divergenz hinwies...

Was Darwin jedoch fehlte, waren genügend Fossilien, um klare Beweise für graduelle Veränderungen innerhalb von Arten oder für gemeinsame Vorfahren zu zeigen. Aber seit seiner Zeit haben Paläontologen eine Fülle von Fossilien gefunden, die alle oben genannten Vorhersagen erfüllen. Wir können nun kontinuierliche Veränderungen innerhalb von Tierlinien zeigen; wir haben viele Beweise für gemeinsame Vorfahren und Übergangsformen (jene fehlenden Vorfahren der Wale wurden beispielsweise gefunden); und wir haben tief genug gegraben, um die Anfänge des komplexen Lebens zu sehen.“[64]

„Als er ‚Die Entstehung der Arten‘ schrieb, hielt Darwin die Embryologie für seinen stärksten Beweis für die Evolution. Heute würde er dem Fossilienbefund vermutlich den Vorrang geben.“[65]

„Beim Fossilienbefund gibt es zwei allgemeine Regeln zu beachten. Erstens: Ältere Schichten liegen tiefer im Boden. Je tiefer wir also graben, desto weiter zurück gehen wir in der Zeit. Zweitens: Es scheint eine grobe Zunahme der Komplexität von Organismen zu geben, wenn wir uns von älteren zu jüngeren Schichten bewegen. Zu Darwins Zeiten war der Fossilienbefund vergleichsweise schwach. Er war lückenhaft und hatte viele Leerstellen. Nach über anderthalb Jahrhunderten wurde der Fossilienbefund jedoch erheblich untermauert, was eine graduelle Evolution biologischer Organismen belegt.“[66]

So wird der Fossilienbefund der Öffentlichkeit von den Mainstream-Evolutionsbiologen präsentiert. Solche Aussagen über den Fossilienbefund finden sich immer wieder in populärwissenschaftlicher Literatur von Evolutionisten. Wenn das wahr wäre, dann hätten die Evolutionisten zumindest einen plausiblen Mechanismus, mit dem sie für die Evolution argumentieren könnten. Doch leider ist das nicht wahr. Dies ist eine der häufigsten Lügen, die von Evolutionisten verbreitet werden, und ich werde zahlreiche Zitate aus der Mainstream-Evolutionsliteratur anführen, die dies belegen. Hier einige allgemeine Aussagen über den Fossilienbefund:

„Das Fehlen fossiler Belege für Zwischenstufen zwischen den großen Übergängen im organischen Design – und unsere Unfähigkeit, selbst in unserer Vorstellung funktionale Zwischenformen zu konstruieren – war ein dauerhaftes und störendes Problem für gradualistische Evolutionserklärungen."[67]

„Die extreme Seltenheit von Übergangsformen im Fossilienbefund bleibt das Betriebsgeheimnis der Paläontologie. ... Um unsere bevorzugte Erklärung der Evolution durch natürliche Selektion zu erhalten, betrachten wir unsere Daten als so schlecht, dass wir den Prozess, den wir angeblich untersuchen, nie wirklich sehen."[68]

„Kein Wunder, dass sich Paläontologen so lange von der Evolution fernhielten. Sie scheint nie stattzufinden. Eifriges Sammeln entlang von Klippen ergibt Zickzackmuster, kleinere Schwankungen und gelegentlich eine leichte Ansammlung von Veränderungen über Millionen von Jahren – mit einer Geschwindigkeit, die kaum ausreicht, um all die gewaltigen Veränderungen in der Evolutionsgeschichte zu erklären. Wenn wir wirklich die Einführung evolutionärer Neuheiten beobachten, geschieht das meist plötzlich – oft ohne klare Hinweise darauf, dass sich die Organismen anderswo entwickelt hätten! Die Evolution kann nicht ständig irgendwo anders stattfinden. Und doch wirkt der Fossilienbefund auf viele enttäuschte Paläontologen genau so.“[69]

Diese Zitate sollten Ihnen einen allgemeinen Eindruck vom Ausmaß des Problems geben, das die Evolution mit dem Fossilienbefund hat. Ich möchte betonen, dass diese Zitate nur einen Überblick über das Ausmaß des Problems geben. Es gibt viele spezifische Themen innerhalb des Fossilienbefunds, die besondere Aufmerksamkeit erfordern. Das erste Thema, das behandelt werden muss, ist die Kambrische Explosion.

Die kambrische Explosion

Das mit Abstand auffälligste und bedeutendste Ereignis im gesamten Fossilienbefund ist die kambrische Explosion. Hier ist eine kurze Einführung zu diesem Ereignis:

„Vor etwa 530 Millionen Jahren trat eine Vielzahl von Tieren plötzlich auf die evolutionäre Bühne in einem Ereignis, das als kambrische Explosion bekannt ist. Innerhalb von vielleicht nur 10 Millionen Jahren entwickelten Meereslebewesen die meisten der grundlegenden Körperformen, die wir heute in modernen Gruppen beobachten. Unter den in Fossilien aus dieser Zeit erhaltenen Organismen befinden sich Verwandte von Krebstieren und Seesternen, Schwämmen, Weichtieren, Würmern, Chordaten und Algen, wie sie durch diese Taxa aus dem Burgess-Schiefer veranschaulicht werden.“ [70]

Um zu verstehen, warum dies bedeutend ist, benötigen wir etwas Kontext und müssen wissen, was die Evolutionstheorie vorhersagt. Dafür müssen wir die biologische Klassifikation von Tieren verstehen. Diese Quelle erklärt das gut:

„Der Begriff ‚Stämme‘ (Singular: ‚Stamm‘) bezieht sich auf die höchsten Gliederungsebenen im biologischen Klassifikationssystem. Die Stämme stellen die höchsten Kategorien der biologischen Klassifikation im Tierreich dar, wobei jeder eine einzigartige Struktur, einen Organisationsplan oder einen architektonischen Bauplan aufweist. Bekannte Beispiele für Stämme sind Nesseltiere (Korallen und Quallen), Weichtiere (Tintenfische und Muscheln), Stachelhäuter (Seesterne und Seeigel), Gliederfüßer (Trilobiten und Insekten) und die Chordatiere, zu denen alle Wirbeltiere einschließlich des Menschen gehören.

Die Tiere innerhalb eines Stammes weisen charakteristische Merkmale auf, anhand derer Taxonomen sie weiter in kleinere Kategorien wie Klassen, Ordnungen, Familien, Gattungen und schließlich Arten einteilen können. Die höchsten Klassifikationsstufen im Tierreich – wie Stämme und Klassen – bezeichnen die Hauptgruppen des Tierlebens mit jeweils einzigartigen Körperplänen. Niedrigere Kategorien – wie Gattung und Art – bezeichnen geringere Unterschiede, wobei die Gesamtorganisation der Körperteile und Strukturen meist ähnlich bleibt."[71]

Laut der standardmäßigen Evolutionstheorie führen kleine Veränderungen in Arten zur Entstehung neuer Gattungen, diese zu neuen Familien, diese zu neuen Ordnungen, dann zu neuen Klassen, und schließlich zu neuen Unterstämmen und Stämmen. Hier liegt das große Problem der kambrischen Explosion für die Evolutionstheorie:

Laut der Theorie müsste die Entstehung eines neuen Stammes durch die Entstehung neuer Unterstämme, dann neuer Klassen, Ordnungen, Familien, Gattungen und schließlich Arten vorbereitet werden. Doch bei der kambrischen Explosion traten etwa 20 neue Stämme plötzlich auf – nahezu ohne Vorläufer.

Einige Fossilien aus dem Präkambrium können möglicherweise als Vorfahren einiger weniger Stämme gewertet werden, aber es gibt Probleme mit diesen Fossilien. Selbst wenn man alle angeblichen präkambrischen Fossilien so akzeptiert, wie sie von Evolutionisten dargestellt werden, verschwindet das Problem der kambrischen Explosion nicht. Die Beweislage hat Mainstream-Evolutionsbiologen gezwungen anzuerkennen, dass die kambrische Explosion ein reales Ereignis war, bei dem innerhalb eines extrem kurzen Zeitraums eine gewaltige Anzahl neuer Lebensformen entstand – mit sehr wenigen oder gar keinen Vorfahren. Hier einige Belege dafür:

„Dem Zusammenbruch der ediacarischen Fauna folgt die spektakuläre Ausbreitung neuartiger Lebensformen, bekannt als kambrische Explosion. Alle heute bekannten Haupt-Körperbaupläne entstanden in nur etwa 10 Millionen Jahren. Man hätte vermuten können, dass diese scheinbare Explosion der Vielfalt ein Artefakt sei – etwa weil frühere Gesteine weniger gut Fossilien erhalten. Doch es gibt gut erhaltene Fossilien aus früheren Zeiträumen, und inzwischen ist allgemein anerkannt, dass die kambrische Explosion real war."[72]

„Nimmt man es beim Wort, so deutet das geologisch abrupte Auftreten der kambrischen Faunen mit außergewöhnlicher Erhaltung darauf hin, dass sie eine einmalige evolutionäre Explosion darstellen. Die zugrunde liegenden Prozesse und Mechanismen bleiben jedoch schwer fassbar. Zwar haben einige Einwände ihre Berechtigung, aber sie mindern weder das Ausmaß noch die Bedeutung der Explosion. ... Verschiedene Beweislinien sprechen für die Realität der kambrischen Explosion."[73]

„Das nahezu gleichzeitige Auftreten der meisten heutigen tierischen Baupläne (Stämme) vor etwa 530 Millionen Jahren während der kambrischen Explosion ist ein starkes Indiz für ein kurzes Intervall rascher phänotypischer und genetischer Innovation ... Das abrupte Auftreten der meisten modernen tierischen Körperpläne (oft als Stämme oder Klassen eingeordnet) vor über einer halben Milliarde Jahre ist eines der bedeutendsten evolutionären Ereignisse seit dem Ursprung des Lebens."[74]

„Auch heute, 150 Jahre nach *The Origin*, nachdem eine unvergleichlich größere Menge tierischer Fossilien gesammelt wurde, bleibt Darwins Lücke bestehen. Das abrupte Erscheinen kambrischer Fossilien ist Realität, und wir fragen uns immer noch nach den Kräften und Mechanismen, die es verursacht haben. Trotz vereinzelter

Stimmen, die wie Darwin die Realität der Explosion bezweifeln, ist der heutige Konsens: Die kambrische Explosion ist eine wissenschaftliche Tatsache und ‚Die kambrische Explosion ist real und ihre Folgen leiteten einen grundlegenden Wandel in der Evolutionsgeschichte ein.'" [75]

Die kambrische Explosion stellt ein gewaltiges Problem für die Evolutionstheorie dar. Selbst Darwin erkannte, dass dieses Ereignis ein echtes Problem für seine Theorie darstellt. Hier ein Zitat von Darwin, in dem er dieses Problem anerkennt (das Wort „Silurisch" war früher die Bezeichnung für die kambrische Periode):

„Warum ist nach dieser Lehre der Auslöschung unzähliger Übergangsformen zwischen den lebenden und ausgestorbenen Bewohnern der Erde und bei jeder Epoche zwischen den ausgestorbenen und noch älteren Arten nicht jede geologische Formation mit solchen Übergangsformen angefüllt? Warum liefert nicht jede Sammlung fossiler Überreste klare Beweise für die Abstufung und Veränderung der Lebensformen? Wir finden keine solchen Beweise, und das ist der offensichtlichste und gewichtigste der vielen Einwände gegen meine Theorie. Warum erscheinen ganze Gruppen verwandter Arten, wenn auch sicherlich oft nur scheinbar, plötzlich in den geologischen Schichten? Warum finden wir nicht große Schichten unterhalb des silurischen Systems, gefüllt mit den Überresten der Vorfahren der silurischen Fossilien? Denn auf meiner Theorie müssten solche Schichten irgendwo in diesen alten und völlig unbekannten Epochen der Erdgeschichte abgelagert worden sein. Ich kann diese Fragen und ernsten Einwände nur unter der Annahme beantworten, dass der geologische Befund viel unvollständiger ist, als die meisten Geologen glauben."[76]

Ein weiteres Zitat von Darwin, das dieses Problem zugibt:

„Die abrupte Art, mit der ganze Gruppen von Arten plötzlich in bestimmten Formationen erscheinen, wurde von mehreren Paläontologen – etwa Agassiz, Pictet und insbesondere Professor

Sedgwick – als schwerwiegender Einwand gegen die Annahme der Artenverwandlung vorgebracht. Wenn zahlreiche Arten, die zu denselben Gattungen oder Familien gehören, tatsächlich alle gleichzeitig ins Leben getreten sind, dann wäre dies ein tödliches Argument gegen die Theorie der langsamen Veränderung durch natürliche Selektion. Denn die Entwicklung einer Gruppe von Formen, die alle von einem gemeinsamen Vorfahren abstammen, muss ein extrem langsamer Prozess gewesen sein; und die Vorfahren müssten lange vor ihren abgewandelten Nachkommen gelebt haben."[77]

Die kambrische Explosion ist ein glasklares Beispiel für eine gescheiterte Vorhersage der klassischen Evolutionstheorie. Dieses Ereignis widerspricht direkt dem Muster der Evolution, wie es von Evolutionisten über fast ihre gesamte Geschichte hinweg vorhergesagt wurde. Aus diesem Grund haben Evolutionisten lange versucht zu argumentieren, dass die kambrische Explosion kein reales Ereignis sei, sondern nur so erscheine, weil der Fossilienbefund lückenhaft sei – wie aus den obigen Zitaten hervorgeht. Doch wie die Belege zeigen, sind alle Versuche, die Realität der kambrischen Explosion zu widerlegen, gescheitert, und die Evolutionisten versuchen nun, ad hoc-Erklärungen für dieses Ereignis zu finden.

Das allgemeine Muster des Fossilienbefunds

Es gibt jedoch noch einen weiteren wichtigen Punkt zu beachten. Viele Evolutionisten versuchen zu behaupten, dass die kambrische Explosion ein ungewöhnliches Ereignis sei und der restliche Fossilienbefund die evolutionären Vorhersagen stütze. Das könnte nicht weiter von der Wahrheit entfernt sein. Zwar gibt es kein anderes Ereignis im Fossilienbefund, das so abrupt und plötzlich war wie die kambrische Explosion, aber der Fossilienbefund ist voller ähnlicher Ereignisse, bei denen neue Lebensformen plötzlich und schlagartig auftauchen. Es gibt zahlreiche solche Ereignisse, und um dies zu belegen, werde ich hier zahlreiche Referenzen von etablierten Evolutionsbiologen anführen.

Hier ist eine allgemeine Referenz zu der Tatsache, dass sich viele Arten im Fossilienbefund über sehr lange Zeiträume nicht verändern und dann abrupt verschwinden:

„Viele Arten bleiben über Millionen von Jahren praktisch unverändert, verschwinden dann plötzlich und werden durch eine völlig andere, aber verwandte Form ersetzt. Darüber hinaus erscheinen die meisten großen Tiergruppen abrupt im Fossilienbefund, voll entwickelt, und es wurden bisher keine Fossilien gefunden, die einen Übergang von ihrer übergeordneten Gruppe darstellen."[78]

Hier sind zwei Referenzen zum Great Ordovician Biodiversification Event, das 40 Millionen Jahre nach der kambrischen Explosion stattfand:

„Während in der kambrischen Explosion zahlreiche Stämme und Klassen entstanden, die grundlegende Körperbaupläne repräsentieren", schreibt der Paläontologe Walter Etter, sei die postkambrische „ordovizische Radiation durch eine beispiellose Diversifizierung auf niedrigeren taxonomischen Ebenen gekennzeichnet gewesen." Er fährt fort: „Der nahezu exponentielle Anstieg der Diversität verlief während dieses Great Ordovician Biodiversification Event (GOBE) deutlich schneller als zu irgendeinem anderen Zeitpunkt [vom Kambrium bis heute]", und stellt fest, dass der Anstieg „größtenteils abrupt" war."[79]

„Zumindest dachten wir das ursprünglich vom Fossilienbefund. Inzwischen hat sich herausgestellt, dass dieses spektakuläre Ereignis – bekannt als kambrische Explosion – kurz nach seinem Beginn ins Stocken geriet. Etwa 515 Millionen Jahre vor heute kam die Evolution zum Stillstand, und die Biodiversität nahm wieder ab. Um den Fortschritt fortzusetzen, brauchte das Leben einen Neustart.

Dieser kam in Form einer zweiten Lebens-Explosion namens Great Ordovician Biodiversification Event, einer wenig bekannten Episode, die in den letzten Jahren Gegenstand intensiver wissenschaftlicher Untersuchungen war. Seit die Paläontologen vor etwa 20 Jahren erste Hinweise darauf entdeckten, wurde zweifelsfrei festgestellt, dass die

‚ordovizische Explosion' für die Tierentwicklung ebenso bedeutend war wie die kambrische."[80]

Hier ist eine Referenz zum Ursprung der Landpflanzen in der silurisch-devonischen Periode, etwa 428 bis 359 Millionen Jahre vor heute:

„Die primäre Radiation der Landbiota im Silur-Devon ist das terrestrische Gegenstück zur viel diskutierten kambrischen ‚Explosion' der marinen Faunen. Beide zeigen die Merkmale von Neuheitsradiationen (phänotypische Vielfalt nimmt viel schneller zu als Artenvielfalt in einer ökologisch unterbesetzten und damit konkurrenzarmen Landschaft), und beide endeten mit der Bildung evolutionärer und ökologischer Strukturen, die modernen Ökosystemen ähneln."[81]

Ein weiteres ähnliches Ereignis in der Geschichte des Lebens ist die Odontoden-Explosion.[82] Diese ereignete sich vor etwa 425 bis 415 Millionen Jahren. Innerhalb eines Zeitraums von nur 10 Millionen Jahren tauchten alle Hauptgruppen kiefertragender Fische mit Zähnen und zahnähnlichen Strukturen (Odontoden) plötzlich im Fossilienbefund auf. Es ist wichtig zu betonen, dass der Begriff „Explosion" nicht von Vertretern des Intelligent Design stammt. All diese Explosionen und Revolutionen vielfältiger neuer Lebensformen werden von etablierten Evolutionsbiologen selbst anerkannt.

Ein weiteres wichtiges und ähnliches Ereignis ist die devonische Nekton-Revolution.[83] Diese fand vor etwa 410 bis 400 Millionen Jahren statt. Während die vorherigen Tiere vorwiegend planktonisch (treibend) oder benthisch (am Meeresboden lebend) waren, kam es in dieser Zeit zu einer plötzlichen und massiven Ausbreitung mariner nektonischer (aktiv schwimmender) Tiere.

Hier ist eine Referenz zum Ursprung der Dinosaurier:

„Zuerst gab es keine Dinosaurierspuren, dann plötzlich sehr viele. Das markiert den Moment ihrer Explosion, und die Gesteinsschichten in den Dolomiten sind gut datiert. Ein Vergleich mit Gesteinsabfolgen in Argentinien und Brasilien, wo die ersten umfangreichen Dinosaurierskelette gefunden wurden, zeigt, dass sich die Explosion auch dort zur selben Zeit ereignete.

Der Hauptautor Dr. Massimo Bernardi, Kurator am MUSE und Forschungsmitarbeiter an der School of Earth Sciences in Bristol, sagte: ‚Wir waren begeistert zu sehen, dass die Fußspuren und Skelette dieselbe Geschichte erzählten. Wir hatten die Spuren in den Dolomiten schon eine Weile untersucht, und es ist erstaunlich, wie eindeutig der Übergang von „keine Dinosaurier" zu „nur noch Dinosaurier" war.'

Der Zeitpunkt der Dinosaurier-Explosion stimmt mit dem Ende der Carnischen Pluvialphase überein, einer Zeit, in der das Klima zwischen trocken und feucht schwankte."[84]

Hier ist eine Referenz zum Ursprung der Schlangen, der vor etwa 110 bis 100 Millionen Jahren stattfand:

„Schlangen scheinen sich schneller zu entwickeln als die meisten anderen Eidechsengruppen, und unsere Studie zeigt eine bemerkenswerte, koordinierte ‚Beschleunigung' des evolutionären Tempos in vielen Aspekten der Schlangenökologie", sagt Title, Assistenzprofessor am Department of Ecology & Evolution der Stony Brook University und Co-Autor der Studie. „Schlangen sind wie die Singularität des Urknalls in der Kosmologie – eine dramatische Ausweitung der Artenvielfalt und ihrer Ökologien, ausgelöst durch ein Ereignis, das sich möglicherweise früh in der Evolutionsgeschichte der Schlangen ereignete."[85]

Hier ist eine Referenz zum Ursprung der Blütenpflanzen vor 90 bis 80 Millionen Jahren:

„Trotz intensiver Forschung und Analyse verschiedener Datenquellen (z. B. Fossilienbefund und phylogenetische Analysen basierend auf molekularen und morphologischen Merkmalen) bleibt der Ursprung der Angiospermen unklar. Angiospermen tauchen ziemlich plötzlich im Fossilienbefund auf... ohne offensichtliche Vorfahren für einen Zeitraum von 80–90 Millionen Jahren vor ihrem Auftreten.“[86]

Diese Referenz spricht über das plötzliche Erscheinen von Ordnungen der Säugetiere und Vögel vor 65 Millionen Jahren:

„Eine wörtliche Lesart des Fossilienbefunds zeigt, dass das frühe Kambrium (ca. 545 Millionen Jahre vor heute) und das frühe Tertiär (ca. 65 Millionen Jahre vor heute) durch enorm beschleunigte Phasen morphologischer Evolution gekennzeichnet waren, in denen die Tierstämme sowie die heutigen Ordnungen der Vögel und plazentalen Säugetiere entstanden.“[87]

Es gibt zahlreiche weitere Beispiele für das plötzliche und abrupte Auftreten vielfältiger Lebensformen im Fossilienbefund. Dies sind nur einige Beispiele für das Problem, mit dem die klassische Evolutionstheorie konfrontiert ist. Diese Referenzen reichen aus, um zu zeigen, dass dieses Muster des plötzlichen und abrupten Erscheinens neuer Lebensformen im gesamten Fossilienbefund vorhanden ist. Die Behauptung der Evolutionisten, dass dieses Problem nur bei der kambrischen Explosion auftrete, ist damit widerlegt.

Man muss sich vor Augen halten, dass ein solcher abrupter Fossilienbefund von der Evolutionstheorie nicht erwartet wird. Diese Version des Fossilienbefunds widerspricht direkt dem Mechanismus der klassischen Evolutionstheorie. Aufgrund solcher Probleme müssen Evolutionisten neue Mechanismen entwickeln, um den Fossilienbefund irgendwie mit der Theorie in Einklang zu bringen. In den nächsten beiden Abschnitten dieses Kapitels werden wir die ad-hoc-Erklärung behandeln, die von vielen Evolutionisten vorgeschlagen wird, um dieses Problem zu lösen, und wir werden uns auch mit einem alternativen Mechanismus der Evolution in Bezug auf den Fossilienbefund beschäftigen.

Die Ad-hoc-Erklärung

Die am häufigsten gegebene Ad-hoc-Erklärung zur Verteidigung der standardmäßigen Evolutionstheorie ist die Behauptung, dass der Fossilienbestand unvollständig sei und Fossilisierung sehr selten vorkomme. Daher stelle es kein Problem für die Evolution dar, wenn der Fossilienbestand nicht mit den Vorhersagen der Evolutionstheorie übereinstimmt. Dies ist das Standardargument, das von Evolutionisten seit 150 Jahren vorgebracht wird. Hier sind einige Quellen, die diese Reaktion von Evolutionisten erwähnen:

„Kreationisten behaupten häufig, dass das Fehlen von Übergangsformen im Fossilienbestand ein Beweis gegen die Evolutionstheorie sei. Evolutionisten antworten darauf, indem sie auf die zahlreichen entdeckten Übergangsfossilien hinweisen, die Dinosaurier mit Vögeln, Landwirbeltiere mit Fischen, Reptilien mit Säugetieren und Landsäugetiere mit Walen verbinden. Natürlich kann, wenn man ein I entdeckt, das zwischen den Arten X und Y liegt, immer noch die Frage gestellt werden, wo die Formen sind, die zwischen X und I sowie zwischen I und Y liegen. Es wird immer ‚Lücken' geben; sie werden nur schmaler. Biologen interpretieren diese Lücken, ob schmal oder breit, nicht als Beweis gegen die gemeinsame Abstammung. Lücken werden einfach der ‚Unvollkommenheit des Fossilienbestands' zugeschrieben – Fossilien entstehen oft gar nicht, und selbst wenn sie entstehen, können sie leicht zerstört werden oder von Biologen nicht gefunden werden."[88]

„Wissenschaftler erkennen an, dass der Fossilienbestand notwendigerweise unvollständig ist, und erklären sogar, warum das so ist. Die Erhaltung von Knochen und Gewebe kann nur unter sehr begrenzten Bedingungen erfolgen, sodass selbst wenn biologische Überreste begraben oder fossilisiert werden, sie im Laufe der Zeit erodieren oder sich zersetzen können (Berra 1990, 31–51; Futuyma und Kirkpatrick 2017, 432–435). Darüber hinaus sind von den gefundenen Proben vollständig erhaltene Fossilien eher selten. Meistens werden nur Teile biologischer Exemplare gefunden, z.B.

Fingerknochen, was die Art der Daten, die wir aus dem Fossilienbestand gewinnen können, weiter einschränkt (Futuyma und Kirkpatrick 2017, 435). Daher sind die Lücken im Fossilienbestand für Wissenschaftler nicht überraschend und haben vielmehr wissenschaftliche Gründe (Padian und Angielczyk 2007).“[89]

Es gibt mehrere Probleme mit dieser Antwort auf das Problem des Fossilienbestands. Das erste Problem ist, dass sie das Konzept der Beweislast ignoriert. Zu Beginn dieses Kapitels habe ich das Argument der Evolutionisten dargelegt, wonach der Fossilienbestand angeblich wie eine allmähliche Evolution aussieht. Daher sei die einfachste Erklärung, dass Evolution bzw. Übergänge zwischen Tierformen stattfinden, und die Beweislast liege bei demjenigen, der gegen die Evolution argumentiert.

Diese Version des Ockhamschen Rasiermessers wurde von Evolutionisten auch in vielen anderen Fällen verwendet. Nun, wie wir aus den oben genannten Quellen sehen können, sieht der Fossilienbestand plötzlich und abrupt aus, und es scheint kaum oder gar keine Evolution stattzufinden. Werden die Evolutionisten nun zugeben, dass sie die Beweislast tragen anstelle der Vertreter des intelligenten Designs?

Meiner Erfahrung nach werden Evolutionisten dies nicht tun. Man sollte sich Folgendes merken, wenn man es mit Evolutionisten zu tun hat: Sie werden jede denkbare Rechtfertigung für ihre Argumente heranziehen. Aber sie werden dieselben Rechtfertigungen nicht akzeptieren, wenn sie in einem Argument für intelligentes Design oder gegen Evolution verwendet werden. Merken Sie sich das gut.

Das zweite Problem mit der Antwort der Evolutionisten ist, dass sie das wichtigste Beweisstück, das wir über den Ursprung und die Diversifizierung des Lebens haben, ignoriert. Der Fossilienbestand basiert nicht auf Vermutungen oder Vorstellungen. Er ist eine harte Tatsache und die direkteste Datenquelle, die wir über die Geschichte des Lebens haben.

Das dritte Problem ist ein einfaches Argument, das zeigt, wie fehlerhaft die Logik dieser Behauptung ist. Ich zitiere direkt den Philosophen, der dieses Gleichnis formulierte:

„Stellen Sie sich vor, Sie entscheiden sich für Strandgut-Sammeln als neues Hobby. Sie gehen jeden Tag am Ufer entlang und sammeln, was das Wasser angeschwemmt hat. Anfangs finden Sie täglich etwas Neues und Aufregendes, von Muscheln und Schnecken bis zu Seesternen und Treibholz. Aber mit der Zeit wiederholt sich alles, bis Sie schließlich meist nur noch das finden, was Sie schon oft gesammelt haben, und nur sehr selten noch etwas Neues, wie eine Flaschenpost. Das ist der Punkt, an dem Sie sicher sein können, dass Sie genug gesammelt haben, um zu wissen, was es zu finden gibt. Was noch fehlt, fehlt nicht wegen unzureichender oder verzerrter Stichprobe. Genau dieses Verfahren wird in der Paläontologie tatsächlich verwendet, um die Vollständigkeit des Fossilienbestands statistisch zu testen. Es heißt Sammler-Kurve,[90] die den Fund neuer Fossilienarten in einem Diagramm darstellt, wobei auf der Y-Achse die Anzahl der neu entdeckten Arten und auf der X-Achse der investierte Aufwand (in Arbeitsstunden oder Fördergeldern) über die Zeit aufgetragen wird. Zu Beginn ist die S-Kurve steil, was bedeutet, dass man wenig investieren muss, um etwas Neues zu finden, doch mit fortschreitender Forschung flacht die Kurve ab und erreicht schließlich einen Sättigungspunkt, an dem wir wissen, dass wir eine ziemlich gute Schätzung dessen haben, was existiert hat. Solche statistischen Studien wurden für viele Gruppen durchgeführt und zeigen, dass die ‚Vollständigkeit für viele Tiergruppen ziemlich hoch ist.'"[91]

Das vierte Problem mit dieser Antwort ist, dass diese Erklärung inzwischen von vielen Mainstream-Evolutionsbiologen und Paläontologen als falsch abgelehnt wurde. Viele dieser Wissenschaftler, die Fossilien untersuchen und Experten auf diesem Gebiet sind, haben diese Erklärung als plausibel verworfen. Hier sind einige Quellen zu diesem Umstand. Viele davon stammen aus von Experten begutachteten Fachzeitschriften und diejenigen, die nicht aus Peer-Review-Publikationen stammen, kommen dennoch von bekannten Evolutionsbiologen, die an die Evolution glauben:

„Die Messung der Vollständigkeit des Fossilienbestands ist entscheidend, um Evolution über lange Zeiträume zu verstehen, insbesondere beim Vergleich evolutionärer Muster zwischen biologischen Gruppen mit unterschiedlichen Erhaltungsbedingungen. Es wurden Vollständigkeitsmaße für verschiedene Gruppen vorgestellt, die auf Lücken in stratigraphischen Reichweiten von Fossilienarten und auf hypothetischen Abstammungslinien basieren. Hier präsentieren und vergleichen wir quantitative, breit anwendbare absolute Vollständigkeitsmaße auf zwei taxonomischen Ebenen für eine größere Stichprobe höherer Taxa mariner Tiere als bisher verfügbar. Wir liefern eine Schätzung der Wahrscheinlichkeit der Gattungserhaltung pro stratigraphischem Intervall und bestimmen den Anteil lebender Familien mit Fossiliennachweis. Die beiden Vollständigkeitsmaße basieren auf sehr unterschiedlichen Daten und Berechnungen ... und zeigen dennoch hohe Korrelationen ... wir stellen fest, dass die Vollständigkeit für viele Tiergruppen ziemlich hoch ist.“ [92]

„Insgesamt jedoch deutet die erstaunliche Übereinstimmung zwischen evolutionsbiologischen Stammbäumen basierend auf molekularen (DNA-)Daten und dem Fossilienbestand sowie die Tatsache, dass sich das detaillierte Bild der Evolution des Lebens über 200 Jahre hinweg kaum verändert hat, darauf hin, dass der Fossilienbestand für seinen Zweck ausreichend ist. Er liefert unwiderlegbare Beweise für die darwinistische Evolution. Und er kann immer noch Überraschungen und Staunen hervorrufen.“[93]

„Wenn man ihn auf die taxonomische Ebene der Familie skaliert, liefern die letzten 540 Millionen Jahre des Fossilienbestands durchgängig gute Dokumentation des früheren Lebens.“[94]

„Morphologische Analysen von vier höheren Taxa fossiler mariner Wirbelloser zeigen, dass es in der Geschichte der Paläontologie keine allgemeine Tendenz gibt, dass morphologisch extreme oder typische Arten und Gattungen bevorzugt früh oder spät beschrieben werden ... Obwohl wir noch viel über die Formentwicklung lernen müssen, ist unsere Sicht auf die Geschichte der biologischen Vielfalt in vielerlei Hinsicht ausgereift."[95]

„Unsere übertriebene Betonung der Unvollkommenheit des Fossilienbestands verstärkt die Wahrnehmung unter Wissenschaftlern allgemein, dass der Fossilienbestand ein ungewöhnlich schlechter Datensatz sei. Das ist er nicht ...

Durch ihre umfassenden Untersuchungen von Vergleichen zwischen lebenden und toten Gemeinschaften zeigte Susan Kidwell (2002, 2013), dass der Fossilienbestand eine hochgetreue Aufzeichnung der Artenvielfalt und insbesondere der Häufigkeit enthält – ein Muster, das sowohl unerwartet als auch höchst willkommen ist."[96]

„Obwohl das Fossilienregister eine Fülle historischer Daten über vergangene Ökosysteme bewahrt, beruht das derzeitige Paradigma – wonach Fossilien als zuverlässige Archive ökologischer Informationen gelten – hauptsächlich auf Forschungen, die sich auf eine einzige Organismengruppe mit hoher Fossilisierungspotenz konzentrieren: die Mollusken. In dieser Studie quantifizieren wir die Aussagekraft höherer Taxa (sechs Stämme und elf Klassen), indem wir lebende Gemeinschaften mit sympatrischen toten Überresten (Todesgemeinschaften) vergleichen. Dabei verwenden wir umfassende Erhebungen von benthischen marinen Wirbellosen aus Küstenhabitaten in North Carolina (USA). Wir stellten fest, dass sich die Zusammensetzung der Gemeinschaften zwischen den beiden Assemblagen über Stämme und Klassen hinweg unterschied, diese Unterschiede jedoch vorhersagbar waren – mit einer Überrepräsentation robuster und besser erhaltbarer Gruppen.

Darüber hinaus scheinen tote Mollusken ein ausgezeichnetes Stellvertretermaß für alle Taxa zu sein, wenn es darum geht, räumlich-zeitliche Muster und Veränderungen in der Gemeinschaftsstruktur mithilfe verschiedener ökologischer Kennzahlen – einschließlich α-, γ- und β-Diversität bzw. Gleichverteilung – zu verfolgen. Dies legt nahe, dass das Fossilienregister trotz der durch unterschiedliche Erhaltungsbedingungen der Taxa und Zeitdurchschnittseffekte auferlegten Filter wahrscheinlich zuverlässig ist, was relative Vergleiche von Zusammensetzung und Diversität in flachen benthischen marinen Paläogemeinschaften betrifft. Dies steht im Einklang mit früheren Arbeiten, die zeigen, dass Todesgemeinschaften in flachen Meeresregionen robuste ökologische Schätzungen liefern können, die geeignet sind, die Variabilität von Ökosystemen unter natürlichen, vor-anthropogenen Bedingungen zu beurteilen."[97]

All diese Quellen zeigen also, dass diese gängige Antwort der Evolutions-Apologeten der letzten 150 Jahre scheitert und durch wissenschaftliche Beweise sogar nach Maßgabe vieler Mainstream-Paläontologen widerlegt wurde.

Logik hinter diesem Beweis für Evolution

Es gibt jedoch eine wichtige Frage: Angenommen, all diese Quellen existierten nicht und diese Antwort würde von den Mainstream-Paläontologen als plausibel angesehen – wäre dieses Argument, das sich auf das Muster des Fossilienbestands stützt, dann ein Beweis für Evolution?

In diesem Szenario entspricht der Fossilienbestand nicht der Vorhersage der standardmäßigen Evolutionstheorie, aber die Evolutionisten haben eine Erklärung dafür, warum er nicht mit den Vorhersagen übereinstimmt. In diesem Szenario – wie kann dann das Muster des Fossilienbestands ein Beweis für Evolution sein?

Ich spreche nicht von Übergangsfossilien, dieses Argument wird im nächsten Kapitel behandelt. Aber wenn das Muster des

Fossilienbestands nicht mit den Vorhersagen der Evolution übereinstimmt – wie kann es dann ein Beweis für Evolution sein? Es kann kein Beweis für Evolution sein.

Und dennoch haben Evolutionisten in den letzten 150 Jahren gelogen und behauptet, dass das Muster des Fossilienbestands ein Beweis für Evolution sei. Das zeigt sich in den Quellen, die ich am Anfang des Kapitels erwähnt habe, in denen Evolutionisten behaupten, dass das Muster des Fossilienbestands ein Beweis sei. Diese gängige Lüge der Evolutionisten ist nun entlarvt.

Hier ist etwas sehr Wichtiges: Die meisten evolutionistischen Argumente stützen höchstens die Idee einer universellen gemeinsamen Abstammung. Das Muster des Fossilienbestands ist eines der wenigen Argumente, das Evolutionisten für den Mechanismus der Evolution haben – also für die Behauptung, dass Leben durch ungesteuerte physikalische Prozesse entstehen kann oder entstanden ist. Wenn dieses Argument widerlegt ist – was der Fall ist –, dann hat die Behauptung, dass Leben durch ungesteuerte physikalische Prozesse entstanden ist, massive Probleme und wird stark geschwächt.

Aufgrund dieses Problems haben einige Evolutionisten alternative Evolutionsmechanismen vorgeschlagen, um das Problem des Fossilienmusters zu erklären. Der beliebteste Mechanismus zur Bewältigung dieses Problems ist das „Punctuated Equilibrium" (unterbrochene Gleichgewichtsmodell), obwohl einige andere Mechanismen von Evolutionisten aus dem „Third Way of Evolution"-Ansatz vorgeschlagen wurden. Diese Mechanismen werden in einem zukünftigen Buch behandelt. In diesem Buch werde ich mich nun mit dem Punctuated Equilibrium befassen.

Punktualistische Evolution

Die punktualistische Evolution ist die am häufigsten angeführte Erklärung von Evolutionisten, um mit dem Problem des Fossilienbestands umzugehen. Dennoch wird sie selbst von den meisten Evolutionisten nicht akzeptiert, da auch dieser

Evolutionsmechanismus massive Probleme aufweist. Der Mechanismus der punktualistischen Evolution wurde entwickelt, weil der Fossilienbestand der standardmäßigen Evolutionstheorie widerspricht. Hier ist ein Zitat, das diesen Umstand belegt:

„Ich erzähle diese Geschichte ausführlich als Einführung in die punktualistische Evolution, sowohl weil Falconer und Darwin auf bemerkenswerte Weise die Hauptpositionen der heutigen Befürworter und Gegner dieser Theorie vorwegnehmen, als auch weil die Erzählung selbst die zentrale Tatsache des Fossilienbestands hervorragend illustriert – den geologisch abrupten Ursprung und die anschließende lange Stasis der meisten Arten. Falconer zeigt besonders gut den Übergang von einer zu einfachen, falschen Lösung unter kreationistischen Annahmen hin zur Anerkennung eines Rätsels (und zu interessanten Lösungsvorschlägen) innerhalb der neuen Welt der evolutionären Erklärung. Am wichtigsten aber veranschaulicht diese Geschichte, was man als die grundlegende und dominierende Tatsache des Fossilienbestands bezeichnen kann – etwas, das Paläontologen sofort erkannten, als sie Werkzeuge zur angemessenen stratigraphischen Erfassung von Fossilien entwickelten: Die große Mehrheit der Arten erscheint abrupt im Fossilienbestand und verharrt dann in Stasis bis zu ihrem Aussterben. Die Anatomie kann sich über die Zeit leicht verändern, aber die letzten Überreste einer Art ähneln meist sehr den ersten Vertretern. Als Eldredge und ich die punktualistische Evolution vorschlugen, entdeckten oder wiederentdeckten wir diese grundlegende Tatsache des Fossilienbestands nicht. Paläontologen haben die langfristige Stabilität der meisten Arten immer erkannt, doch wir hatten begonnen, uns dieses starken und wörtlichen Signals zu schämen, denn die dominierende Theorie unserer wissenschaftlichen Kultur forderte uns auf, genau das Gegenteil – den allmählichen Wandel – als primären Ausdruck der Evolution zu erwarten.“[98]

Die punktualistische Evolution ist ein Evolutionsmechanismus, der in den 1970er Jahren von den Paläontologen Stephen Jay Gould und Niles Eldredge vorgeschlagen wurde. Hier ist ein Zitat aus der Veröffentlichung, in der sie diesen Mechanismus darlegten:

- „Die Erwartungen, die aus Theorien erwachsen, färben die Wahrnehmung so stark, dass neue Vorstellungen selten aus Fakten entstehen, die unter dem Einfluss alter Weltbilder gesammelt wurden. Neue Bilder müssen ihren Einfluss entfalten, bevor Fakten aus einer anderen Perspektive gesehen werden können.

- Die Sichtweise der Paläontologie auf Artbildung wurde lange vom Bild des „phyletischen Gradualismus“ beherrscht. Dieses besagt, dass neue Arten durch die langsame und stetige Umwandlung ganzer Populationen entstehen. Unter seinem Einfluss suchen wir nach lückenlosen Fossilreihen, die zwei Formen durch unmerkliche Übergänge verbinden, als einzigem vollständigen Spiegel darwinistischer Prozesse; wir schreiben alle Brüche Unvollkommenheiten im Fossilienbefund zu.

- Die Theorie der allopatrischen (oder geografischen) Artbildung legt eine andere Deutung paläontologischer Daten nahe. Wenn neue Arten sehr schnell in kleinen, peripher isolierten Populationen entstehen, ist die Erwartung unmerklich abgestufter Fossilien eine Chimäre. Eine neue Art entwickelt sich nicht im Gebiet ihrer Vorfahren; sie entsteht nicht aus der langsamen Umwandlung aller ihrer Vorfahren. Viele Brüche im Fossilienbefund sind real.

- Die Geschichte des Lebens wird besser durch das Bild der „punktierten Gleichgewichte“ dargestellt als durch die Vorstellung des phyletischen Gradualismus. Die Geschichte der Evolution ist nicht eine würdige Entfaltung, sondern eine Abfolge von homöostatischen Gleichgewichten, die nur „selten“ (das heißt im Laufe der Zeit durchaus häufig) durch schnelle und episodische Artbildungsereignisse gestört werden.“[99]

Sowohl die Logik als auch die wissenschaftliche Grundlage der punktualistischen Evolution weisen massive Probleme auf. Zuerst zum logischen Problem: In sowohl der punktualistischen Evolution als auch im Neo-Darwinismus entstehen neue Merkmale und Eigenschaften durch natürliche Selektion, die auf zufällige Mutationen wirkt. Dabei spielen zwei Faktoren bei der Entstehung neuer Merkmale eine Rolle, und beide hängen von der Populationsgröße ab.

Nach der standardmäßigen Evolutionstheorie hängt die Entstehung neuer Lebensformen davon ab, dass durch zufällige Mutationen neue Merkmale entstehen und diese sich durch Fortpflanzung in der Population etablieren. Wenn sich Organismen mit neuen Merkmalen erfolgreich fortpflanzen, werden diese Merkmale mit der Zeit in der Population „fixiert“.

Wichtig ist dabei: Je größer die Population, desto höher die Wahrscheinlichkeit, dass zufällige Mutationen nützliche Merkmale hervorbringen. Je kleiner die Population, desto größer die Wahrscheinlichkeit, dass sich ein neues Merkmal durch Fortpflanzung in der gesamten Population durchsetzt. Das zentrale Konzept hinter der punktualistischen Evolution ist die allopatrische Artbildung.

Dieses Konzept besagt, dass durch Umweltveränderungen oder geologische Ereignisse ein Teil einer Population geographisch vom Rest isoliert wird. In dieser kleinen Teilpopulation findet dann eine schnelle Evolution statt, weil neue Merkmale leichter fixiert werden können.

Hier liegt das Problem: In kleinen Populationen können Merkmale zwar leichter fixiert werden – das ist korrekt. Doch gleichzeitig ist es in kleinen Populationen viel schwieriger, dass überhaupt nützliche neue Mutationen entstehen. Hier ein Zitat dazu vom Paläontologen Thomas J. M. Schopf von der University of Chicago:

„in Populationen, die groß genug sind, um ausreichend variabel zu sein, aber klein genug, um große Veränderungen der Genfrequenz durch Zufallsdrift zuzulassen“[100]

Durch den Versuch, die Fixierung neuer Merkmale durch kleinere Populationen zu erleichtern, wird die Entstehung dieser Merkmale massiv erschwert. Das ist das grundlegende Problem der punktualistischen Evolution und zeigt, warum eine Änderung der Populationsgröße das Problem nicht lösen kann – nicht einmal theoretisch.

Ein weiteres wichtiges Konzept innerhalb der punktualistischen Evolution ist die Artselektion. In der standardmäßigen Evolution konkurrieren einzelne Organismen einer Art miteinander, und ihre Merkmale setzen sich durch natürliche Selektion durch. In der punktualistischen Evolution hingegen sind ganze Arten die Einheiten der Selektion – nicht Individuen. Arten übernehmen hier dieselbe Rolle wie Individuen im Neo-Darwinismus. Dazu ein Zitat von Stephen Jay Gould:

„Ich schlage als zentrale These der Makroevolution vor, dass Arten dieselbe fundamentale Rolle übernehmen, die Individuen in der Mikroevolution spielen. Arten sind die grundlegenden Einheiten in Theorien und Mechanismen makroevolutionärer Veränderungen.“[101]

Das Problem daran ist offensichtlich: Artselektion kann keine neuen Formen oder Merkmale hervorbringen, denn sie setzt bereits existierende Arten voraus, aus denen dann ausgewählt wird. Doch wenn Artselektion selbst als Mechanismus für die Entstehung neuer

Arten erklärt werden soll, ist es widersprüchlich, vorauszusetzen, dass diese Arten bereits vorhanden sind. Das ist der grundlegende Widerspruch der Artselektion.

Aus diesen und weiteren Gründen wird die punktualistische Evolution von den meisten Evolutionsbiologen nicht akzeptiert und nicht als Lösung für das Problem des Fossilienbestands angesehen. Hier einige Quellen, die dies bestätigen:

„Die Moderne Synthese (oder ‚Neo-Darwinismus'), die aus der Verbindung von Darwins Theorie der natürlichen Selektion mit Mendels Genetik hervorging, bleibt das Fundament der Evolutionstheorie. Seit ihrer Entstehung war sie jedoch Ziel von Kritik – von kleinen Einwänden bis hin zur völligen Ablehnung. Einer der bekanntesten Kritiker war Stephen Jay Gould, der 1980 erklärte, die Moderne Synthese sei ‚praktisch tot'. Gould und andere behaupteten, die natürliche Selektion auf zufällige Mutationen allein könne makroevolutionäre Diversität und Divergenz nicht erklären, und dass neue Prozesse erforderlich seien. 1982 veröffentlichten Charlesworth, Lande und Slatkin eine Erwiderung in *Evolution*, in der sie argumentierten, der Neo-Darwinismus sei sehr wohl ausreichend. In dieser Rückschau zum 75. Jubiläum der Society for the Study of Evolution stützen wir ihre Argumente mit modernen Erkenntnissen und betonen die Bedeutung mikroevolutionärer Prozesse für makroevolutionäre Muster. Wir kommen zu dem Schluss, dass die punktualistische Evolution keine große Revolution in der Evolutionsbiologie darstellte – obwohl die Debatte wichtige Forschung anregte – und dass der Neo-Darwinismus lebendig und intakt ist."[102]

„Was ich mir von einer Evolutionstheorie hauptsächlich wünsche, ist die Erklärung komplexer, gut konstruierter Mechanismen wie Herzen, Hände, Augen und Echoortung. Niemand, auch nicht die überzeugtesten Vertreter der Artselektion, glaubt, dass Artselektion dies leisten kann."[103]

„Genetische Mechanismen, die [von Vertretern der punktualistischen Evolution] vorgeschlagen wurden, um das abrupte Auftreten und die lange Stasis vieler Arten zu erklären, haben auffällig wenig empirische Unterstützung."[104]

„Weder der phyletische Gradualismus noch die punktualistische Evolution erscheinen geeignet, um den Ursprung neuer Körperbaupläne zu erklären."[105]

Diese Quellen machen deutlich, dass dieser Erklärungsversuch für das Problem des Fossilienbestands scheitert. Im nächsten Abschnitt dieses Buches werden wir untersuchen, ob dieses Argument überhaupt falsifizierbar und wissenschaftlich ist.

Falsifizierbarkeit

Wie ich bereits früher in diesem Buch erwähnt habe, muss ein Argument oder Phänomen falsifizierbar sein, um als wissenschaftlich zu gelten. Das bedeutet, es muss denkbare Beweise oder Daten geben, die mit der Hypothese oder Theorie unvereinbar sind. Einer der am häufigsten vorgebrachten Einwände gegen die Vorstellung, dass Leben geplant ist, bzw. gegen Intelligent Design, ist, dass es nicht falsifizierbar sei. Hier ein Zitat zu diesem Einwand:

„Um eine wissenschaftliche Theorie zu werden, muss eine Hypothese zu Prinzipien entwickelt werden, die nicht nur erklären, was wir beobachten, sondern auch spezifische Vorhersagen machen, die sie von anderen Erklärungen unterscheiden. Es reicht nicht, einfach wie eine vernünftige Alternative zu klingen; eine Theorie muss Stellung beziehen und riskieren, widerlegt zu werden. Ein Philosoph namens Karl Popper beobachtete, dass eine Theorie nur dann eine Theorie ist, wenn sie ‚falsifizierbar' ist.

Intelligent Design kann nicht falsifiziert werden, da es bisher nichts vorhersagt, was wir überprüfen könnten. Und genau deshalb sollte Intelligent Design nicht neben der Evolution als wissenschaftliche Erklärung des Fossil- und Genbestands des Lebens auf der Erde in Schulbüchern auftauchen.«[106]

Wie Sie in diesem Kapitel gesehen haben, sagt die Evolutionstheorie voraus, dass der Fossilienbestand allmählich sein sollte. Doch laut den Evolutionisten ist auch ein plötzlicher und abrupter Fossilienbestand mit der Evolution vereinbar. Wenn das der Fall ist, wie kann das Argument über das Muster des Fossilienbestands ein falsifizierbares Beweisstück für die Evolution sein? Es ist nicht falsifizierbar, weil jede mögliche Ausprägung des Fossilienmusters mit der Evolution vereinbar ist.

Zugegeben, unterschiedliche Varianten des Fossilienbestands stützen unterschiedliche Evolutionsmechanismen, doch die Überzeugung, dass Leben durch ungesteuerte physikalische Prozesse entstanden ist, sowie der Glaube an die universelle gemeinsame Abstammung, sind mit jedem beliebigen Fossilienmuster vereinbar. Daher kann das Muster des Fossilienbestands kein wissenschaftlicher Beweis für das Entstehen des Lebens durch ungesteuerte Prozesse oder für eine universelle gemeinsame Abstammung sein.

Es gibt noch eine weitere wichtige Frage zu bedenken. Viele Evolutionisten versuchen, ein spezifisches Kriterium für die Falsifizierbarkeit zu formulieren. Hier ein Zitat, das das evolutionistische Argument zur Falsifizierbarkeit von Evolution deutlich macht:

„Nun, da wir den Begriff erläutert haben, können wir feststellen, ob die Evolution falsifizierbar ist oder nicht. Angesichts der zuvor behandelten wissenschaftlichen Grundlagen ist die Evolution eindeutig falsifizierbar (Isaak 2007, 21). Ein Beispiel wäre der Fund einer komplexen Spezies in einer Gesteinsschicht, in der sie nicht existieren dürfte. Zur Verdeutlichung: Die Evolutionstheorie besagt, dass mit fortschreitender Zeit die Komplexität und Biodiversität der Arten im Allgemeinen zunimmt. Mit anderen Worten: In älteren Schichten erwarten wir einfachere Fossilien als in jüngeren. Die

Evolutionstheorie könnte widerlegt werden, wenn eine höher entwickelte Art, die eigentlich in einer späteren Zeitperiode (also in einer jüngeren Schicht) erwartet wird, in einer älteren Schicht gefunden würde. Vereinfacht gesagt: Wenn man ein Kaninchen vor der kambrischen Explosion (siehe Markierung bei 550 Millionen Jahren in Abbildung 1.2) – einem historischen Ereignis, bei dem plötzlich komplexe Organismen auftauchten, die zuvor nicht existierten – finden würde, könnte das alles verändern (Pigliucci 2002, 216–231; Sober und Elgin 2017, 46). Oder wenn sich herausstellt, dass die Gensequenzen nicht mit unseren Vorhersagen übereinstimmen. Dies sind einige Beispiele, die die Evolutionstheorie problemlos hätten falsifizieren können. Daher ist die Behauptung, Evolution sei nicht falsifizierbar und somit unwissenschaftlich, völlig falsch."[107]

Dies ist ein typisches Argument von Evolutionisten, um zu behaupten, Evolution sei falsifizierbar. Die Verzweiflung und Schwäche dieses Arguments ist wirklich erstaunlich. Die Evolutionisten behaupten, dass es die Evolution widerlegen würde, wenn ein komplexes Tier wie ein Mensch, ein Kaninchen oder ein Löwe vor der Kambrischen Explosion auftauchen würde. Dieses Kriterium hat gravierende Probleme.

Das erste große Problem ist: Wenn ein Löwe, Mensch, Kaninchen oder ein ähnlich komplexes Tier angeblich vor der Kambrischen Explosion existierte – wie könnten wir das wissen? Laut Evolutionisten ist der Fossilienbestand so unvollständig, dass er ein durchgehend falsches Bild der Lebensgeschichte liefert und unzählige Arten im Fossilienbestand fehlen. Wenn das so ist, ist es extrem unwahrscheinlich, dass Fossilien komplexer Tiere aus der vorkambrischen Zeit überlebt hätten – selbst wenn sie existierten. Daher wäre es laut den eigenen Aussagen der Evolutionisten extrem unwahrscheinlich, dass man je davon erfahren würde. Dieses Falsifikationskriterium scheitert also an offensichtlicher Selbstwidersprüchlichkeit.

Das zweite Problem mit diesem Kriterium ist, dass alle evolutionistischen Argumente auf allgemeinen Mustern beruhen – sei es das Muster der Ähnlichkeiten zwischen Lebewesen, das Muster des Fossilienbestands, das Muster der Biogeographie oder genetische Muster. Der Grund dafür ist, dass Evolution eine Theorie der Transformation ist – und um Transformationen zu beobachten, braucht es Muster.

Warum sollte das Kriterium der Falsifizierbarkeit also nicht auf dem Muster des Fossilienbestands oder der Genetik beruhen, wie es eigentlich sein sollte? Wie Sie gesehen haben: Wenn die Falsifizierbarkeit auf dem Muster des Fossilienbestands beruhen würde, wäre Evolution bereits widerlegt. Und wie Sie später in diesem Buch sehen werden: Wenn sie auf genetischen Mustern beruhte, wäre Evolution ebenfalls falsifiziert.

Das dritte Problem ist: Selbst wenn Arten wie Löwen, Kaninchen oder Menschen in der vorkambrischen Zeit auftauchen würden, wäre das kein Problem für die Evolution, da Evolutionisten einfach dieselben Ausreden anführen könnten, die sie bringen, wenn einzelne Fossilien nicht zur erwarteten Zeit auftauchen. Ein konkretes Beispiel dafür folgt im nächsten Kapitel.

Evolutionisten könnten behaupten, die Ähnlichkeit dieser Fossilien mit heutigen Tieren sei auf konvergente Evolution zurückzuführen. Oder sie könnten sagen, diese hypothetischen vorkambrischen Tiere seien evolutionäre Gewinner – wie sie es bei Schlangen tun. Sie könnten sagen, die Evolution sei plötzlich und rasant verlaufen – wie sie es bei der Kambrischen Explosion, der Evolution der Schlangen, der Dinosaurier und vielen anderen Fällen tun. Aus all diesen Gründen ist die Behauptung der Evolutionisten, Evolution sei falsifizierbar, schlicht illusorisch und unehrlich.

Fazit

In diesem Kapitel habe ich die gravierenden logischen und wissenschaftlichen Probleme dieses Arguments für die Evolution aufgezeigt. Angesichts der Tatsache, dass dies eines der wenigen Argumente ist, mit dem Evolutionisten zu beweisen versuchen, dass Leben ohne einen intelligenten Designer entstanden sein kann, sollte dieses Kapitel die Schwäche dieses Glaubens verdeutlichen. Im nächsten Kapitel folgt das zweite Argument für Evolution, das auf dem Fossilienbestand basiert.

Übergangs- oder Zwischenfossilien

Dies ist ein zweites unabhängiges Argument für die Evolution anhand des Fossilienbestandes. Die grundlegende Logik dieses Arguments ist, dass viele Fossilien entdeckt wurden, die einige Merkmale einer Lebensform und einige Merkmale einer anderen Lebensform aufweisen. Diese Fossilien lassen sich am besten als Zwischen- oder Übergangsformen zwischen zwei unterschiedlichen Lebensformen erklären. Solche Fossilien sind auch Vorhersagen der Evolutionstheorie, und die Tatsache, dass sie vorhergesagt wurden, unterstreicht die Stärke dieses Arguments für die Evolution.

Dieses Argument unterscheidet sich in zwei wichtigen Punkten von dem Argument, das auf dem Muster des Fossilienbestandes basiert. Erstens besteht unter Evolutionsbiologen in diesem Punkt kein Meinungsstreit, wie es beim Muster des Fossilienbestandes der Fall ist. Zweitens ist dieses Argument kein Argument für einen Mechanismus der Evolution und kann daher prinzipiell nicht den Glauben unterstützen, dass Leben durch ungesteuerte physikalische Prozesse entstanden ist. Es ist lediglich ein Argument für die universelle gemeinsame Abstammung.

Hier ist ein Zitat, das erklärt, was die Evolutionstheorie in Bezug auf Übergangsfossilien vorhersagt:

„WAS WÜRDE EINEN BELEG für die Evolution im Fossilienbestand darstellen? Es gibt mehrere Arten. Erstens das große evolutionsbiologische Gesamtbild: Ein Überblick über die gesamte Abfolge der Gesteinsschichten sollte zeigen, dass frühes Leben recht einfach war und komplexere Arten erst später auftauchten. Darüber hinaus sollten die jüngsten Fossilien, die wir finden, jenen am ähnlichsten sein, die heute leben.

Wir sollten auch Fälle evolutionärer Veränderung innerhalb von Linien erkennen können – das heißt, eine Tier- oder Pflanzenart verändert sich im Laufe der Zeit zu etwas anderem. Spätere Arten sollten Merkmale aufweisen, die sie wie Nachkommen früherer Arten aussehen lassen. Und da die Geschichte des Lebens das Aufspalten von Arten aus gemeinsamen Vorfahren beinhaltet, sollten wir dieses Aufspalten erkennen können – und Belege für diese Vorfahren im Fossilienbestand finden. So sagten beispielsweise Anatomen des 19. Jahrhunderts aufgrund körperlicher Ähnlichkeiten voraus, dass Säugetiere sich aus alten Reptilien entwickelt hätten. Daher sollten wir Fossilien von Reptilien finden, die immer mehr säugetierähnlich wurden. Natürlich ist der Fossilienbestand unvollständig, sodass wir nicht erwarten können, jeden Übergang zwischen großen Lebensformen zu dokumentieren. Aber wir sollten zumindest einige finden."[108]

Hier ist ein weiteres Zitat, das laut Evolutionsanhängern zeigt, was der Fossilienbestand in Bezug auf Zwischenfossilien zeigt:

„Nun, da wir alle Schichten in die richtige Reihenfolge gebracht und ihre Daten geschätzt haben, können wir den Fossilienbestand von unten nach oben lesen. Abbildung 3 zeigt eine vereinfachte Zeitleiste der Lebensgeschichte, die die wichtigsten biologischen und geologischen Ereignisse darstellt, die seit dem Auftreten der ersten Organismen vor rund 3,5 Milliarden Jahren stattgefunden haben. Dieser Bestand liefert ein eindeutiges Bild des Wandels, beginnend mit einfachen und fortschreitend zu komplexeren Formen. Obwohl die Abbildung die 'ersten Erscheinungen' von Gruppen wie Reptilien und Säugetieren zeigt, sollte dies nicht bedeuten, dass moderne Formen plötzlich im Fossilienbestand auftauchen, als wären sie aus dem Nichts entstanden. Stattdessen sehen wir bei den meisten Gruppen eine allmähliche Evolution aus früheren Formen (z. B. entwickelten sich Vögel und Säugetiere über Millionen Jahre aus reptilischen Vorfahren). Das Vorhandensein allmählicher Übergänge zwischen großen Gruppen, auf die ich unten näher eingehe, bedeutet, dass die Datierung eines 'ersten Auftretens' etwas willkürlich wird."[109]

Ich habe bereits das hier gemachte Argument, dass der Fossilienbestand allmählich sei, entkräftet. Das sollte Ihnen die Täuschung und Unehrlichkeit der Evolutionisten vor Augen führen. Dieses Zitat, wie viele andere auch, zeigt Ihnen die glasklare Unehrlichkeit und die Lügen, die von Evolutionisten verbreitet werden, um ihre Überzeugungen zu stützen.

Die Tatsache, dass der Fossilienbestand plötzlich und abrupt ist, wird von zahlreichen etablierten Evolutionsbiologen anerkannt, dennoch behauptet dieses populäre Buch, dass der Fossilienbestand allmählich sei. Dieses Buch wurde 2009 veröffentlicht, und das Konzept des „Punktualistischen Gleichgewichts" wurde bereits in den 1970er-Jahren formuliert. Das sollte Ihnen die Täuschung und Unaufrichtigkeit der Evolutionisten deutlich machen.

Es gibt einige Beispiele angeblicher Übergangs- oder Zwischenfossilien, die im Fossilienbestand entdeckt wurden. Ich werde später in diesem Kapitel einige der bekanntesten Beispiele von Übergangsfossilien und die Probleme mit ihnen erörtern.

Hier ist etwas sehr Wichtiges, das man im Kopf behalten sollte. Dieses Argument wird auf zwei Arten vorgebracht. Die eine Weise ist sehr ähnlich zum allgemeinen Argument für die universelle gemeinsame Abstammung. Die andere Weise besteht darin, dass es sich um eine erfüllte Vorhersage der Evolutionstheorie handelt. Ich werde nun beide Versionen dieses Arguments einzeln besprechen.

Das Argument aus Ähnlichkeit und Unwahrscheinlichkeit:

Diese Version des Arguments besagt, dass lebende Organismen mit Zwischen- oder ähnlichen Merkmalen zu zwei verschiedenen Lebensformen nicht zufällig entstehen können und daher am besten durch gemeinsame Abstammung erklärt werden. Hier ist ein Zitat zur Logik dieses Arguments von Elliott Sober:

„In diesem Sinne führen Fossilien keine Neuerung in das Problem der Ableitung gemeinsamer Abstammung ein. Es gibt jedoch eine andere Weise, in der Fossilien eine neue Dimension einführen.

Angenommen, wir beobachten, dass ein Fossil eine Merkmalsausprägung aufweist, die zwischen der von X und Y liegt. Wie beeinflusst die Entdeckung eines Zwischenfossils die Frage, ob X und Y einen gemeinsamen Vorfahren haben? Kreationisten behaupten häufig, dass das Fehlen von Zwischenformen ein Beweis gegen die Evolutionstheorie sei. Evolutionisten entgegnen mit dem Hinweis auf zahlreiche entdeckte Übergangsfossilien; diese verbinden Dinosaurier mit Vögeln, Landwirbeltiere mit Fischen, Reptilien mit Säugetieren und Land-Säugetiere mit Walen. Natürlich kann man auch bei einem I, das zwischen X und Y liegt, immer noch fragen, wo die Formen sind, die zwischen X und I und zwischen I und Y liegen."[110]

Das gesamte Argument von Sober und vielen anderen wie ihm ist, dass diese Ähnlichkeiten wahrscheinlicher sind, wenn gemeinsame Abstammung wahr ist, als wenn getrennte Abstammung wahr ist. Der Grund dafür ist, dass diese Ähnlichkeiten unwahrscheinlich sind, wenn man von bloßem Zufall ausgeht. Diese Logik ist dieselbe wie die allgemeine Logik aller Argumente für die universelle gemeinsame Abstammung. Ähnlichkeiten sind unwahrscheinlich durch Zufall zu erklären und daher am besten durch gemeinsame Abstammung.

Ich habe dieses Argument bereits in Kapitel 3 sehr ausführlich mit detaillierten Quellen behandelt und werde hier daher nicht ins Detail gehen. Aber ich werde eine kurze Antwort auf dieses Argument geben. Es gibt mindestens vier mögliche Erklärungen für die Ähnlichkeiten, die in angeblichen Übergangsfossilien gefunden werden: Zufall, Notwendigkeit, gemeinsames Design und gemeinsame Abstammung.

Das Argument der Evolutionisten ist, dass diese Ähnlichkeiten unwahrscheinlich durch Zufall entstehen. Das Problem mit dieser Behauptung ist, dass eine der häufigsten Annahmen und Rechtfertigungen für die Evolution lautet: In Milliarden Jahren ist alles möglich. Wenn das zutrifft, dann ist es nicht unwahrscheinlich, dass diese Ähnlichkeiten durch Zufall entstanden sind.

Diese Ähnlichkeiten können auch durch physikalische Notwendigkeit entstanden sein. Das bedeutet, dass es unwahrscheinlich oder unmöglich ist, dass diese Ähnlichkeiten *nicht* vorhanden sind. Genau diese Logik wenden viele moderne Evolutionisten an, um die weit verbreiteten Ähnlichkeiten zwischen Lebewesen zu erklären, die unmöglich auf gemeinsame Abstammung zurückzuführen sind – und aus evolutionistischer Sicht gibt es keinen Grund, physikalische Notwendigkeit als Erklärung auszuschließen.

Diese Ähnlichkeiten können natürlich entweder durch gemeinsames Design oder gemeinsame Abstammung entstanden sein. Aber der Grund, warum wir gemeinsames Design der gemeinsamen Abstammung vorziehen sollten, ist das Prinzip von Occam's Razor. Nach Ansicht der Evolutionisten gibt es viele Ähnlichkeiten unter Lebewesen, die durch gemeinsame Abstammung erklärt werden können, aber auch viele Ähnlichkeiten, die unmöglich auf gemeinsame Abstammung zurückzuführen sind.

Wenn die erste Gruppe von Ähnlichkeiten mit gemeinsamer Abstammung erklärt wird, muss für die zweite Gruppe eine andere Erklärung herangezogen werden. Gemeinsames Design ist einfacher als gemeinsame Abstammung, weil es beide Gruppen von Ähnlichkeiten erklären kann, ohne andere Erklärungen zu benötigen. Ich habe all diese Punkte in Kapitel 3 ausführlich dargelegt; dies war nur eine Zusammenfassung.

Während Evolutionisten versuchen, die Argumente für gemeinsame Abstammung als unabhängige Argumente darzustellen, beruhen sie alle auf der Annahme, dass Ähnlichkeiten gleichbedeutend mit – oder am besten erklärbar durch – gemeinsame Abstammung sind. Wenn diese Annahme als falsch oder unbegründet aufgezeigt wird, sind all diese Argumente entkräftet, weil sie alle von dieser Annahme abhängen.

Das Argument der erfüllten Vorhersagen

Hier ist ein Zitat, das diese Fossilien als Vorhersagen der Evolutionstheorie beschreibt:

„Evolutionsbiologen haben auch aufgrund von Lücken Vorhersagen über bestimmte Arten gemacht. Ein berühmtes Beispiel für ein solches Fossil ist der Tiktaalik, wie in Abbildung 1.7 gezeigt. Ausgehend von den allgemeinen Prinzipien der Evolution lautet die Erzählung, dass das Leben im Meer begann. Nach mehreren Millionen Jahren entstanden und entwickelten sich Fische, die irgendwie Eigenschaften entwickelten, die ihnen den Zugang zum Land ermöglichten. Evolutionsbiologen sagten voraus, dass es eine Art Fossil geben müsse, das biologische Merkmale sowohl von Meeres- als auch von Landtieren aufweist. Hier kommt Tiktaalik ins Spiel. Er galt als wichtige Entdeckung, da er die grundlegenden Merkmale von Fischen und ein primitives Lungensystem besaß, wie es für Landtiere erforderlich ist – und somit klar eine Art Übergang zeigte (Rogers 2011, 22–23; Futuyma und Kirkpatrick 2017, 447–449). Dies ist eines der bekanntesten Beispiele dafür, dass die Evolution die beste Erklärung für solche Entdeckungen liefert.“[111]

Diese Argumentationslinie besagt, dass diese Übergangsfossilien spezifisch durch die Theorie der universellen gemeinsamen Abstammung vorhergesagt wurden und somit eine erfüllte Vorhersage dieser Theorie darstellen. Das trifft in einigen Fällen zu, wie z. B. beim erwähnten Tiktaalik. Diese Tiere wurden von der Evolutionstheorie vorhergesagt und können daher legitimerweise als erfüllte Vorhersagen der Theorie betrachtet werden. Dennoch gibt es ein Problem mit dieser Argumentation seitens der Evolutionisten.

Es gibt alternative Erklärungen für die Ähnlichkeiten in Übergangsfossilien, wie z. B. das Konzept des gemeinsamen Designs. Gemeinsames Design ist nach dem von den Evolutionisten selbst verwendeten Kriterium – dem Rasiermesser von Ockham – eine bessere Erklärung als gemeinsame Abstammung. Doch Evolutionisten behaupten bei solchen Fossilien, dass aufgrund der erfüllten

Vorhersage durch die Theorie der gemeinsamen Abstammung die Beweislast nun bei demjenigen liege, der diese Theorie anzweifelt.

Das Problem mit dieser Argumentation ist, dass es Dutzende gescheiterter Vorhersagen der Evolutionstheorie gibt. Ich habe in diesem Buch einige Beispiele genannt, wie die Nicht-Universalität des genetischen Codes, weit verbreitete konvergente Evolution, die kambrische Explosion und das allgemeine Muster des Fossilienbestandes. Ich werde später in diesem Buch noch viele weitere Beispiele für gescheiterte Vorhersagen der Evolution anführen.

Wenn laut Evolutionisten eine erfüllte Vorhersage die Beweislast auf den Kritiker verschiebt, was bewirken dann all die gescheiterten Vorhersagen? In diesem Fall müssten diese die Beweislast auf die Evolutionisten verschieben. Doch bei diesen Fehlschlägen erfinden Evolutionisten einfach ad hoc-Erklärungen. Wenn Evolutionisten das dürfen, warum sollten dann nicht auch Vertreter des intelligenten Designs ad hoc-Erklärungen verwenden dürfen – vor allem wenn diese Erklärungen Kriterien erfüllen, die Evolutionisten selbst verwenden, wie gemeinsames Design und Ockhams Rasiermesser? Die Doppelmoral hier ist wahrlich erstaunlich.

Sind Übergangsfossilien eine gescheiterte Vorhersage des Designs?

Ein weiteres gängiges Argument zu diesen Übergangsfossilien lautet, dass solche Zwischenarten unwahrscheinlich wären, wenn Design wahr wäre – dass Gott solche Zwischenformen nicht erschaffen hätte. Hier ein Zitat, das dieses Argument beschreibt:

„Es gibt keinen Grund, warum ein himmlischer Designer, der Organismen von Grund auf wie ein Architekt erschafft, neue Arten schaffen sollte, indem er Merkmale bestehender umgestaltet. Jede Art könnte von Grund auf neu entworfen werden. Doch natürliche Selektion kann nur mit dem arbeiten, was bereits existiert. Sie kann keine neuen Merkmale aus dem Nichts erschaffen. Der Darwinismus sagt also voraus, dass neue Arten modifizierte Versionen älterer sind. Der Fossilienbestand bestätigt diese Vorhersage reichlich."[112]

Bevor ich dieses spezielle Argument anspreche, ist etwas sehr Wichtiges zu beachten: Dieses Argument beruht von Anfang bis Ende auf Intuitionen darüber, wie Gott handeln würde oder nicht handeln würde. Evolutionisten und Atheisten wollen so tun, als seien Intuitionen keine Beweise, doch alle Argumente gegen Design und gegen die Existenz Gottes beruhen auf Intuitionen darüber, wie Gott handeln würde oder nicht. Das ist ein weiterer Beweis für ihre Unehrlichkeit und Verzweiflung.

Ein weiterer entscheidender Punkt ist, dass all diese Argumente, die auf Annahmen über Gottes Handeln basieren, subjektive Intuitionen sind, die von Person zu Person oder Kultur zu Kultur variieren. Der Beweis dafür ist die Vielzahl unterschiedlicher Gottesvorstellungen in der Menschheitsgeschichte. Es gibt keinen einheitlichen Maßstab, nach dem alle Menschen glauben, wie Gott handeln würde. Die meisten dieser Argumente projizieren lediglich persönliche Präferenzen auf Gott. Subjektive Intuitionen einer Person oder Kultur widersprechen denen einer anderen. Daher können sie nicht als objektive Beweise gelten, was dieses Argument wertlos macht.

Ein weiteres schwerwiegendes Problem mit diesem Argument ist, dass es davon ausgeht, Gott hätte vollständig voneinander getrennte Lebensformen erschaffen müssen. Das ist ein unsinniges Argument, das ich mit einer einfachen Analogie widerlegen werde: Angenommen, ein Designer entwirft Hemden in verschiedenen Farben – weiß, schwarz, blau, rosa usw. Ist es unplausibel, wenn dieser Designer auch Hemden in mehreren Farben gestaltet, wie z.B. ein schwarz-weißes oder ein weiß-blaues Hemd? Natürlich nicht.

Warum also sollte es unplausibel oder unwahrscheinlich sein, dass Gott ein Tier erschafft, das wie ein Säugetier aussieht, eines, das wie ein Reptil aussieht, und eines, das Merkmale von beiden aufweist? Daran ist nichts Seltsames. Diese einfache Analogie zeigt, wie schwach und verzweifelt dieses Argument ist. Damit sind die logischen Probleme dieses Arguments behandelt. Nun wenden wir uns den Problemen einiger berühmter Übergangsfossilien zu, die von Evolutionisten häufig als Beweise angeführt werden.

Tiktaalik

Hier einige Hintergrundinformationen zu diesem Zwischenfossil. Laut der Standard-Evolutionstheorie begann das Leben im Meer, und Reptilien, Säugetiere, Vögel und Amphibien stammen alle von Fischen ab. Es gab keine Fossilien, die Merkmale sowohl von Fischen als auch von Landtieren aufwiesen, die angeblich von diesen Fischen abstammen. Die Evolutionstheorie sagte voraus, dass ein Übergangsfossil an einem bestimmten Ort und aus einer bestimmten Zeit gefunden werden sollte. Dieses Fossil wurde entdeckt und gilt somit als erfüllte Vorhersage der Evolutionstheorie. Hier zwei Zitate zum Hintergrund und zur angeblichen Beweiskraft:

„Eine der größten erfüllten Vorhersagen der Evolutionsbiologie ist die Entdeckung, im Jahr 2004, einer Übergangsform zwischen Fisch und Amphibie. Diese fossile Art, Tiktaalik roseae, verrät uns viel darüber, wie Wirbeltiere an Land kamen. Ihre Entdeckung ist eine atemberaubende Bestätigung der Evolutionstheorie. ... Hier kommt die Vorhersage ins Spiel. Wenn es vor 390 Millionen Jahren fleischflossige Fische, aber keine Landwirbeltiere gab, und 360 Millionen Jahre alte Fossilien eindeutig terrestrische Wirbeltiere zeigen, wo würde man dann Übergangsformen erwarten? Irgendwo dazwischen. Nach dieser Logik sagte Shubin voraus, dass Fossilien solcher Übergangsformen in Gesteinsschichten gefunden werden sollten, die etwa 375 Millionen Jahre alt sind. ... ebenso bemerkenswert ist, dass [Tiktaalik] nicht nur entdeckt, sondern genau an dem vorhergesagten Ort und in der vorhergesagten Zeit gefunden wurde."[113]

„Es dauerte sechs Jahre, bis wir [Tiktaalik] fanden, aber dieses Fossil bestätigte eine Vorhersage der Paläontologie: Der neue Fisch war nicht nur ein Übergang zwischen zwei verschiedenen Tierarten, sondern wurde auch in der richtigen Zeitperiode der Erdgeschichte und in der richtigen Umwelt gefunden. Die Antwort kam aus 375 Millionen Jahre alten Gesteinsschichten, die in uralten Flussläufen entstanden."[114]

Die Logik hinter diesem Argument lautet, dass es sich um eine spezifische und erfüllte Vorhersage der Evolution handelt. Das logische Problem daran ist, dass es zahlreiche falsche Vorhersagen der Evolution gibt. In solchen Fällen erfinden Evolutionisten alternative Erklärungen. Warum also sollten wir für dieses Fossil keine alternativen Erklärungen anführen dürfen – vor allem, wenn unsere Erklärung, das gemeinsame Design, nach dem Ockham'schen Prinzip sogar die bessere ist?

Aber es gibt auch ein bedeutendes wissenschaftliches Problem mit diesem Fossil als Beweis für die universelle Abstammung. Die Stärke dieses Fossils liegt darin, dass es angeblich genau aus dem Zeitraum stammt, den die Theorie vorhergesagt hat. Das wissenschaftliche Problem ist jedoch, dass der Zeitrahmen, auf dem diese Behauptung beruht, durch frühere Fossilien widerlegt wurde. Die Argumentation über Zeit und Ort dieses Fossils ist somit hinfällig. Hier zwei Zitate von etablierten Evolutionsbiologen dazu:

„Der Übergang von Fisch zu Tetrapode schien somit recht gut dokumentiert. Man war sich einig, dass sich einige Elpistostegalia (wie Tiktaalik oder Panderichthys) und Tetrapoden im Givetium vor 391–385 Mio. Jahren voneinander trennten. Gleichzeitig mit den frühesten fossilen Tetrapoden waren auch Trittsiegel aus dem späten Devon bekannt, die ihre Fähigkeit belegten, sich an Land fortzubewegen.

Nun jedoch werfen Niedźwiedzki et al. eine Granate in dieses Bild. Sie berichten von der verblüffenden Entdeckung von Tetrapoden-Trittsiegeln mit deutlich ausgeprägten Zehenabdrücken aus Zachełmie, Polen, die eindeutig auf das untere Eifelium (397 Mio. Jahre) datiert wurden. Diese Fundstelle (ein alter Steinbruch) ergab ein Dutzend Trittsiegel mehrerer Individuen, die zwischen 0,5 und

2,5 Meter lang waren, sowie zahlreiche Einzelfußabdrücke auf Gesteinsfragmenten. Diese Spuren sind 18 Mio. Jahre älter als die frühesten Tetrapoden-Skelette – und, noch überraschender, etwa 10 Mio. Jahre älter als die frühesten elpistostegalen Fische."[115]

„Was bedeutet das alles? Es bedeutet, dass die sauber verpackte Übereinstimmung zwischen Stratigraphie und Phylogenie, in der Elpistostegiden eine Übergangsform bei der schnellen Evolution der Tetrapoden im mittleren Frasnium darstellen, eine grausame Illusion ist. Wenn – wie die polnischen Fußspuren zeigen – Tetrapoden bereits im Eifelium existierten, dann hat sich unter uns ein riesiger evolutionärer Abgrund aufgetan."[116]

Das Argument, dass dieses Fossil zur genau vorhergesagten Zeit auftrat, ist somit selbst nach Ansicht führender Evolutionsbiologen widerlegt. Was übrig bleibt, ist ein Tier, das sowohl fisch- als auch amphibienähnliche Merkmale besitzt. Das Argument lautet nun, dass dies am besten als Zwischenart erklärt werden könne – doch dieses Argument ist haltlos. Es gibt mehrere Erklärungen für diese Ähnlichkeiten, und einige davon sind laut evolutionistischer Kriterien besser als gemeinsame Abstammung. Daher ist das Argument auf Grundlage dieses Fossils entkräftet.

Archaeopteryx

Dies ist ein Fossil, das 1861 entdeckt wurde. Es wurde von Evolutionisten als Beweis dafür angeführt, dass Vögel von theropoden Dinosauriern abstammen. Der Hauptgrund für diese Schlussfolgerung war, dass bestimmte Ähnlichkeiten zwischen Vögeln und Theropoden bestehen und dieses Fossil Merkmale sowohl von Theropoden als auch von Vögeln aufweist. Hier ist ein Zitat, das das Argument anhand dieses Fossils beschreibt:

„Seit dem neunzehnten Jahrhundert führten die Ähnlichkeiten zwischen den Skeletten von Vögeln und einigen Dinosauriern Paläontologen zur Theorie, dass sie einen gemeinsamen Vorfahren hatten – insbesondere die Theropoden: flinke, fleischfressende

Dinosaurier, die auf zwei Beinen gingen. Vor etwa 200 Millionen Jahren zeigt der Fossilbericht viele Theropoden, aber nichts, das auch nur vage vogelähnlich aussieht. Vor 70 Millionen Jahren sehen wir Fossilien von Vögeln, die ziemlich modern erscheinen. Wenn die Evolutionstheorie wahr ist, sollten wir also den Übergang von Reptilien zu Vögeln in Gesteinsschichten zwischen 70 und 200 Millionen Jahren finden.

Und da sind sie. Das erste Bindeglied zwischen Vögeln und Reptilien war tatsächlich schon Darwin bekannt, der es kurioserweise nur kurz in späteren Ausgaben der *Origin* erwähnte, und dann auch nur als Kuriosität. Es ist vielleicht die berühmteste aller Übergangsformen: der krähengroße *Archaeopteryx lithographica*, entdeckt 1860 in einem Kalksteinbruch in Deutschland. (Der Name *Archaeopteryx* bedeutet „Uralter Flügel", und *lithographica* stammt vom Solnhofener Kalkstein, der fein genug ist, um Lithografieplatten herzustellen und Abdrücke weicher Federn zu bewahren.) Der *Archaeopteryx* hat genau die Merkmalskombination, die man bei einer Übergangsform erwarten würde. Und sein Alter von etwa 145 Millionen [...]"[117]

Die Logik hinter diesem Argument ist dieselbe wie bei Tiktaalik. Angeblich dokumentiert dieses Fossil den Übergang von Dinosauriern zu Vögeln und wurde genau aus der Zeit gefunden, in der dieser Übergang laut Evolutionstheorie stattgefunden haben soll.

Dies ist weitgehend der Konsens in der evolutionären Mainstream-Biologie, aber es gibt massive Probleme mit dieser Behauptung, was dazu geführt hat, dass die Theorie, dass Vögel von Theropoden abstammen, sogar von einigen Mainstream-Biologen infrage gestellt wurde.

Das erste Problem mit diesem Argument ist, dass es gewaltige anatomische Unterschiede zwischen Dinosauriern und Vögeln gibt, die diese Hypothese und den behaupteten Übergang sehr unwahrscheinlich machen. Hier ein Zitat von einer bekannten wissenschaftlichen Webseite, das auf eine Studie verweist, die diese anatomischen Probleme sowie das zeitliche Problem beschreibt:

„Die Ergebnisse ergänzen andere neue Belege, die viele Paläontologen schließlich dazu bringen könnten, ihren lange gehegten Glauben zu überdenken, dass moderne Vögel direkte Nachfahren von fleischfressenden Dinosauriern sind, sagen Forscher der OSU.

‚Es ist wirklich erstaunlich, dass wir nach Jahrhunderten der Erforschung von Vögeln und Flug noch immer einen grundlegenden Aspekt der Vogelbiologie nicht verstanden haben', sagte John Ruben, Professor für Zoologie an der OSU. ‚Diese Entdeckung bedeutet wahrscheinlich, dass sich Vögel auf einem parallelen Pfad neben Dinosauriern entwickelten, und zwar schon bevor die meisten Dinosaurierarten überhaupt existierten.'

Diese Studien wurden im *Journal of Morphology* veröffentlicht und von der National Science Foundation gefördert.

Seit Jahrzehnten ist bekannt, dass der Oberschenkelknochen (Femur) bei Vögeln weitgehend fixiert ist, was sie zu „Knie-Läufern" macht – im Gegensatz zu nahezu allen anderen Landtieren, sagen die Experten der OSU. Neu entdeckt wurde jedoch, dass genau diese Fixierung der Vogelbeinknochen und -muskulatur verhindert, dass ihre luftgefüllten Lungen beim Einatmen kollabieren.

Warmblütige Vögel benötigen etwa 20-mal mehr Sauerstoff als kaltblütige Reptilien und haben eine einzigartige Lungenstruktur entwickelt, die einen hohen Gasaustausch und ein hohes Aktivitätsniveau ermöglicht. Ihr ungewöhnlicher Oberschenkelkomplex stützt die Lunge und verhindert deren Zusammenbruch.

‚Das ist grundlegend für die Physiologie der Vögel', sagte Devon Quick, Dozentin für Zoologie an der OSU. ‚Es ist wirklich merkwürdig, dass das vorher niemand erkannt hat. Die Position des Oberschenkelknochens und der Muskeln bei Vögeln ist entscheidend für ihre Lungenfunktion, die wiederum Voraussetzung für ihren Flug ist.'

Alle anderen landlebenden Tiere – einschließlich Menschen, Elefanten, Hunde, Eidechsen und in der Vergangenheit auch Dinosaurier – haben einen beweglichen Oberschenkelknochen, der an ihrer Fortbewegung beteiligt ist.

Die Forscher schließen daraus, dass Vögel mit ziemlicher Sicherheit nicht von theropoden Dinosauriern wie Tyrannosaurus oder Allosaurus abstammen. Die Ergebnisse fügen sich in eine wachsende Zahl von Belegen der letzten zwei Jahrzehnte ein, die einige der am weitesten verbreiteten Vorstellungen über die Evolution von Tieren infrage stellen.

‚Vögel tauchen im Fossilbericht vor den Dinosauriern auf, von denen sie angeblich abstammen', sagte Ruben. ‚Das ist ein ziemlich ernstes Problem, und es gibt noch andere Unstimmigkeiten mit der Vogel-von-Dino-Theorie.

‚Aber einer der Hauptgründe, warum viele Wissenschaftler weiterhin behaupteten, dass Vögel von Dinosauriern abstammen, waren Ähnlichkeiten in der Lungenstruktur', sagte Ruben. ‚Doch Theropoden hatten einen beweglichen Oberschenkelknochen und konnten daher keine Lunge wie die von Vögeln haben. Ihr abdominaler Luftsack – falls vorhanden – wäre kollabiert. Das untergräbt ein zentrales Argument für die Dino-Vogel-Verbindung.'"[118]

Dieses Zitat fasst die anatomischen Probleme mit der Hypothese zusammen, dass Vögel von Theropoden abstammen. Es weist auch auf das Problem hin, dass Vögel im Fossilbericht früher erscheinen als ihre angeblichen Vorfahren. Dieses Problem wurde von dem Evolutionsbiologen Alan Feduccia als „zeitliches Paradoxon" bezeichnet. Hier ein Zitat dazu:

„Ich hatte das Gefühl, dass er zwar überzeugt war, das Problem der Vogelentstehung gelöst zu haben, aber das Problem des Vogel-Flugs von unten nach oben ließ sich einfach nicht einfügen, und er verstand sicherlich auch das Zeitproblem, das ich zuvor als ‚zeitliches Paradoxon' bezeichnet hatte. *Deinonychus* stammt aus der Cloverly-Formation, etwa 110 Millionen Jahre alt; der früheste bekannte Vogel *Archaeopteryx* stammt aus dem Solnhofener Kalkstein, 150 Millionen Jahre alt. Laut Ostrom also ein Tier, das angeblich nahe an der Abstammung der Vögel liegt, aber 40 Millionen Jahre jünger ist als der Urvogel. Wie soll das ein Vorfahr der Vögel sein?"[119]

Ein gängiger Einwand von Evolutionisten lautet, dass nur weil die konkreten Dinosaurier-Fossilien jünger sind als Vogel-Fossilien, das nicht bedeutet, dass die Tiere selbst später existierten. Es könnte sein, dass ihre Fossilien aus früherer Zeit einfach noch nicht gefunden wurden. Das ist zwar theoretisch möglich, aber es bleibt ein Problem.

Denn das ursprüngliche Argument war ja, dass das Fossil genau aus der Zeit stammt, aus der es laut Evolutionstheorie stammen sollte. Dieses Argument ist damit entkräftet. Es ist möglich, dass diese Dinosaurier früher lebten – aber dieses Fossil beweist es nicht. Und das schwächt die Argumentation der Evolutionisten erheblich.

Dieses Problem ist Paläontologen lange bekannt, aber neue Funde haben das Ausmaß des Problems drastisch vergrößert. Im November 2023 identifizierten Forscher der Universität Kapstadt vogelähnliche Fossilabdrücke, die 210 Millionen Jahre alt sind. Hier ein Auszug aus ihrer Publikation:

„Die Morphologie von Fußabdrücken spiegelt die Anatomie des Fußes des Spurverursachers wider und liefert direkte Hinweise auf sein Verhalten. Fossile Spuren können daher zur Erfassung früher Diversität, Ethologie und evolutionärer Entwicklungen genutzt werden – besonders in Epochen, in denen Skelettfossilien seltener sind. Spuren früher Vögel und theropoder Dinosaurier koexistieren im Fossilbericht seit der frühen Kreidezeit. Der evolutionäre Übergang vom Dinosaurier zum Vogel und das genaue Entstehungsdatum der Vögel sind jedoch weiterhin umstritten. Während Skelettfossilien der basalsten Vögel (*Aurornis*, *Anchiornis*, *Archaeopteryx* und *Xiaotingia*) aus dem Mittel- bis Oberjura stammen, gibt es vogelähnliche Spuren mit unsicherer Zuordnung bereits aus der Obertrias. Hier präsentieren wir zahlreiche, gut dokumentierte, dreizehige Spuren aus der Obertrias und dem Unterjura Südafrikas mit eindeutig vogelähnlichen Merkmalen – etwa 60 Millionen Jahre vor den ersten Vogelkörperfossilien."[120]

Hier zwei Zitate aus Mainstream-Wissenschaftsseiten, die dieses Problem beschreiben:

„Wer also hat die Spuren hinterlassen, wenn die frühesten bekannten Vögel erst rund 50 Millionen Jahre später auftraten? ...

Solange kein Fossil eines Tieres entdeckt wird, das zur richtigen Zeit, am richtigen Ort und mit den richtigen Proportionen lebte, bleibt das Rätsel der *Trisauropodiscus*-Spuren ungelöst."[121]

„Forscher haben kürzlich vogelähnliche Fußabdrücke in Afrika untersucht, die etwa 210 Millionen Jahre alt sind.

Diese Spuren geben Rätsel auf: Fossilien der frühesten bekannten Vogelformen tauchen erst rund 60 Millionen Jahre später auf."[122]

Wie diese Zitate zeigen, ist das Argument, dass dieses Fossil aus genau der erwarteten Zeit stammt, nicht mehr haltbar. Das einzige verbleibende Argument für Evolution in diesem Fall ist die Ähnlichkeit – doch diese Ähnlichkeiten lassen sich durch alternative Erklärungen wie intelligentes Design besser deuten. Daher ist auch dieses Argument widerlegt.

Übergangsfossilien von Walen

Die Walevolution und die Fossilien, die angeblich die Walevolution zeigen, gelten als eines der stärksten Beweise für die Evolution und die universelle gemeinsame Abstammung. Dies ist auch das beste Beispiel, das Evolutionisten für Übergangsfossilien haben. Dieser Fall unterscheidet sich von den zuvor beschriebenen Fossilien, da diese einzelne Fossilien darstellen, während es im Fall der Wale eine angebliche Reihe von Übergangsfossilien gibt. Hier ist Hintergrundinformation über Wale:

„Wale verfügen über ein ausgezeichnetes Fossilienarchiv, was ihren aquatischen Lebensgewohnheiten und robusten, leicht fossilierbaren Knochen zu verdanken ist. Und wie sie sich entwickelt haben, wurde erst in den letzten zwanzig Jahren deutlich. Dies ist eines unserer besten Beispiele für eine evolutionäre Übergangsform, da wir eine chronologisch geordnete Reihe von Fossilien haben – vielleicht eine Linie von Vorfahren und Nachkommen – die ihren Übergang vom Land ins Wasser zeigt.

Seit dem siebzehnten Jahrhundert ist anerkannt, dass Wale und ihre Verwandten, die Delfine und Schweinswale, Säugetiere sind. Sie sind warmblütig, bringen lebende Junge zur Welt, die sie mit Milch füttern, und haben Haare um ihre Blaslöcher. Und Beweise aus der DNA von Walen sowie rudimentäre Merkmale wie ihr verkümmertes Becken und ihre Hinterbeine zeigen, dass ihre Vorfahren an Land lebten. Wale haben sich mit ziemlicher Sicherheit aus einer Art der Paarhufer entwickelt – der Gruppe von Säugetieren mit einer geraden Anzahl von Zehen, wie Kamele und Schweine."[123]

Hier ist eine Quelle bezüglich der angeblichen fossilen Walvorfahren:

„Vor sechzig Millionen Jahren gab es viele fossile Säugetiere, aber keine fossilen Wale. Wesen, die modernen Walen ähneln, tauchen dreißig Millionen Jahre später auf. Wir sollten also in der Lage sein, die Übergangsformen innerhalb dieser Lücke zu finden. Und genau dort befinden sie sich auch. Die Abbildung zeigt in chronologischer Reihenfolge einige der Fossilien, die an diesem Übergang beteiligt sind, und deckt den Zeitraum zwischen zweiundfünfzig und vierzig Millionen Jahren ab...

Die Abfolge beginnt mit einem kürzlich entdeckten Fossil eines nahen Verwandten der Wale, einem waschbärgroßen Tier namens Indohyus. Indohyus lebte vor achtundvierzig Millionen Jahren und war, wie vorhergesagt, ein Paarhufer... Obwohl Indohyus etwas später erscheint als weitgehend aquatische Vorfahren der Wale, entspricht er wahrscheinlich dem Aussehen des Walahnen. Und er war zumindest teilweise aquatisch...

Indohyus war nicht der Vorfahre der Wale, aber fast sicher ein Cousin. Wenn wir jedoch vier Millionen Jahre weiter zurückgehen, auf zweiundfünfzig Millionen Jahre, sehen wir, was durchaus dieser Vorfahre gewesen sein könnte. Es handelt sich um einen fossilen Schädel eines wolfsgroßen Wesens namens Pakicetus, das etwas walähnlicher ist als Indohyus – mit einfacheren Zähnen und walähnlicheren Ohren... Vor fünfzig Millionen Jahren gab es den bemerkenswerten Ambulocetus (wörtlich: „gehender Wal") mit verlängertem Schädel und verkürzten, aber noch kräftigen Gliedmaßen, die in Hufen endeten und so seine Abstammung verrieten. Er verbrachte wahrscheinlich die meiste Zeit in flachem Wasser und watschelte unbeholfen an Land – ähnlich wie ein Seehund. Rodhocetus (siebenundvierzig Millionen Jahre alt) war noch aquatischer. Seine Nasenlöcher waren etwas weiter nach hinten verlagert, und er hatte einen noch längeren Schädel... Schließlich finden wir vor vierzig Millionen Jahren die Fossilien Basilosaurus und Dorudon – eindeutig vollständig aquatische Säugetiere mit kurzen Hälsen und Blaslöchern auf dem Schädel. Sie konnten keine Zeit an Land verbringen, da ihr Becken und ihre Hinterbeine reduziert waren (der ... Meter lange Dorudon hatte nur ... Meter lange Beine), die nicht mit dem restlichen Skelett verbunden waren."[124]

Es wurden auch zwei weitere fossile Funde gemacht: Kutchicetus und Maiacetus. Aufgrund dieser angeblichen Übergangsfossilien gilt die Walevolution als einer der stärksten Beweise für die Evolution, doch es gibt gravierende Probleme sowohl mit der Logik als auch mit der Wissenschaft hinter diesem Argument. Das erste Problem ist, dass es sich nicht um eine chronologisch geordnete Fossilreihe handelt. Selbst wenn man die Quelle des Evolutionisten liest, stammt das am wenigsten walähnliche Fossil, Pakicetus, aus einer späteren Zeit als das walähnlichere Fossil Indohyus.

Das mag wie eine kleine Spitzfindigkeit erscheinen, ist es aber nicht – und es verdeutlicht ein grundsätzliches Problem der Evolution. Die Reaktion der Evolutionisten wird sein, dass nur weil das Fossil Pakicetus aus einer späteren Zeit stammt als Indohyus, dies nicht bedeutet, dass die Art Pakicetus nicht schon vor Indohyus existierte. Ich stimme dieser Aussage zu, und anders als bei der Vogel-Evolution ist dies aufgrund des Zeitrahmens der Walevolution eine vernünftige Antwort.

Nichtsdestotrotz handelt es sich hier nicht um eine chronologisch geordnete Fossilreihe, wie von Evolutionisten behauptet. Ich glaube nicht, dass dies das allgemeine Argument für die Walevolution notwendigerweise widerlegt – es gibt jedoch andere Probleme mit der Walevolution –, aber Evolutionisten versuchen dennoch, die Fossilien zu überdehnen, um ein falsches Argument für eine chronologische Abfolge zu konstruieren, die faktisch nicht gegeben ist.

Man muss sich dabei eines bewusst machen: Wie wir bereits bei Tiktaalik und der Vogel-Evolution gesehen haben, erscheinen angebliche Übergangsfossilien sehr selten dort, wo Evolutionisten sie erwarten. Und oft bereitet die zeitliche Einordnung der Fossilien massive Probleme für die Evolution. Aus diesem Grund müssen Evolutionisten sogenannte „Geisterlinien“ erfinden.[125]

Eine Geisterlinie ist ein hypothetischer Vorfahr innerhalb einer Stammeslinie, von dem es keine fossilen Belege gibt, dessen Existenz aber aufgrund von Lücken im Fossilbericht oder genomischen Beweisen angenommen wird. Dies stellt ein allgemeines und gravierendes Problem für die Evolution dar.[126] Fossilien – selbst diejenigen, die am stärksten von Evolutionisten hervorgehoben werden – befinden sich häufig nicht dort, wo sie sein sollten. Ein Teil davon kann durch Probleme im Fossilbericht erklärt werden. Doch das massive Ausmaß des Problems und viele Aspekte wie etwa die

Probleme mit der Vogel-Evolution lassen sich nicht einfach durch einen schlechten Fossilbericht erklären. Daher ist die Behauptung einer chronologisch geordneten Fossilreihe durch Evolutionisten äußerst problematisch.

Ein weiteres Problem kommt hinzu. Evolutionisten könnten versuchen zu behaupten, dass die zahlreichen Probleme des Fossilberichts allesamt durch eine schlechte Fossilerhaltung erklärbar seien. Ich halte dies für keine gültige Antwort. Doch selbst wenn dies als gültige Antwort akzeptiert würde, könnte sie ebenso auf viele Fälle angewendet werden, in denen Evolutionisten behaupten, dass Fossilien evolutionäre Vorhersagen stützen. Genau das ist bei Tiktaalik und den sehr alten fossilen Vogel-Fußspuren geschehen. In beiden Fällen widerlegte eine größere Stichprobe des Fossilberichts die evolutionistischen Argumente. Kehren wir also zurück zur Walevolution.

Neben der Nähe der angeblichen Übergangsfossilien ist eines der Hauptargumente für die Walevolution, dass Pakicetus ein Knochen im Mittelohr namens Involucrum hatte. Man sollte sich jedoch bewusst machen, dass es enorme Unterschiede zwischen Pakicetus und Walen gibt. Niemand bestreitet diesen Fakt. Dieser Knochen wurde zuvor nur bei Delfinen, Walen und Schweinswalen gefunden. Diese Tiere werden zusammenfassend als „Cetacea“ bezeichnet. Doch dieser Knochen kann auch andere Erklärungen haben als gemeinsame Abstammung, etwa konvergente Evolution oder gemeinsames Design.

Hier ist ein interessanter Punkt: Auch Indohyus besitzt ein Involucrum, wird jedoch nicht als Cetacee klassifiziert. Hier eine Quelle zur Klassifikation:

„Bis jetzt war das Involucrum das einzige Merkmal, das bei allen fossilen und heutigen Cetaceen, aber bei keinen anderen Säugetieren vorkam. Die Identifikation des Involucrums bei Indohyus stellt infrage, was ein Cetacee ist: Entweder muss das Konzept der Cetacea erweitert werden, um Indohyus einzuschließen, oder das Involucrum kann Cetaceen nicht mehr definieren."[127]

Das bedeutet, dass das Involucrum bei Indohyus nicht aufgrund gemeinsamer Abstammung entstanden ist. Wenn also das Involucrum bei Indohyus nicht auf gemeinsame Abstammung zurückgeht, warum sollte es beim Pakicetus-Involucrum anders sein?

Noch ein Punkt: Selbst laut führenden Evolutionsbiologen kann keines dieser Fossilien als direkter Vorfahr des jeweils anderen gelten. Der Grund dafür ist, dass jede Form bestimmte Merkmale verlieren müsste, um als direkter Vorfahr einer anderen Form zu gelten. Hier ist eine Quelle zu diesem Punkt:

„Ambulocetus, Rodhocetus, Pakicetus und andere Formen besitzen jeweils eigene... unterscheidende Merkmale, die sie verlieren müssten, um als direkte Vorfahren anderer bekannter Formen zu gelten."[128]

Es gibt darüber hinaus weitere Probleme, die nicht zum glatten Übergangsbild dieser Fossilien passen, wie es von Evolutionisten gezeichnet wird. Das Bild auf der nächsten Seite bietet eine gute Darstellung der Fossilien und ihrer angeblichen Entwicklung. Ich werde dieses Bild nutzen, um einige der vielen Probleme mit diesen Übergangsfossilien zu verdeutlichen und zu zeigen, warum sie für die Behauptungen der Evolutionisten problematisch sind.

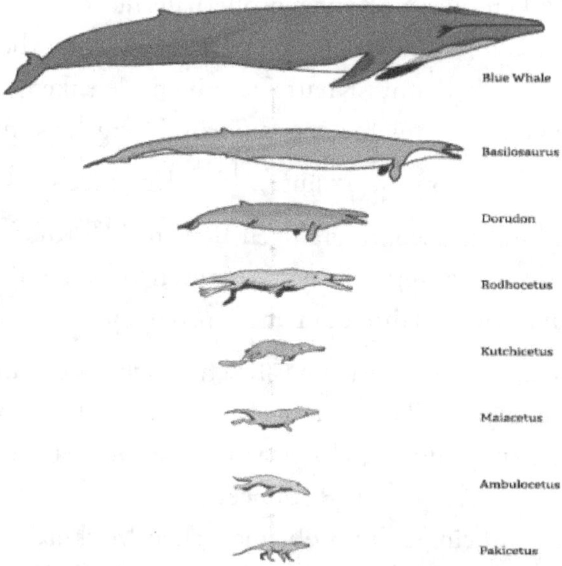

Beachte, dass Basilosaurus und Dorudon beide vollständig aquatische Wale sind. Sie sind keine Übergangsfossilien, da sie bereits Wale sind. Die Stärke oder Schwäche dieses Arguments muss daher auf der Grundlage der anderen fünf angeblichen Übergangsfossilien beurteilt werden.

Das Fossil von Maiacetus, das 2009 entdeckt wurde, war ein trächtiges Weibchen, das noch einen Fötus in sich trug, und die Geburtsposition dieses Fötus ist bemerkenswert ähnlich der von landlebenden Säugetieren. Wie die folgende Quelle erklärt:

„Das fötale Skelett ist für eine kopfvoran verlaufende Geburt positioniert – eine universelle Geburtsstellung bei großwüchsigen landlebenden Säugetieren, jedoch eine Anomalie bei vollständig aquatischen Meeressäugetieren."[129]

Laut Evolutionsbiologen ähnelt Maiacetus am meisten einem „riesigen Süßwasserotter".[130] Die meisten Otter verbringen den Großteil ihres Lebens an Land.[131] Das zeigt, dass Maiacetus, wie Ambulocetus und Pakicetus, hauptsächlich an Land lebte. Rodhocetus besitzt äußere Nasenöffnungen oberhalb der oberen Eckzähne, hohe Dornfortsätze auf den vorderen Brustwirbeln und vier Kreuzbeinwirbel mit Kreuz-Darmbein-Gelenken, die jenen von Landsäugetieren ähneln (was auf ein Hüftgelenk hinweist, das das Körpergewicht tragen konnte).[132] Kutchicetus sah aus wie ein Krokodil mit kurzen, tragfähigen Beinen.[133] Kutchicetus ist zudem kleiner als seine angeblichen Vorfahren oder zumindest kleiner als Tiere, die den Vorfahren am ähnlichsten sind, wie Ambulocetus und Maiacetus.[134] Das ist unwahrscheinlich oder unerwartet, wenn Kutchicetus von Tieren abstammt, die größer waren als er, wie Ambulocetus, und gleichzeitig Vorfahr von Tieren sein soll, die ebenfalls größer sind, wie Rodhocetus.

Dies sind einige der problematischen Merkmale der Fossilien, die angeblich die Walevolution belegen. Sicherlich gibt es viele Gemeinsamkeiten, und diese Tiere erscheinen in gewisser Weise in einer Sequenz, aber das wird nicht nur durch universelle gemeinsame Abstammung erklärt. Mindestens einige dieser Merkmale sind selbst laut Evolutionsbiologen nicht auf gemeinsame Abstammung zurückzuführen, und die Ähnlichkeiten dieser Tiere können auch durch gemeinsames Design erklärt werden.

Die Ähnlichkeiten und die Reihenfolge der Fossilien können von Evolutionsanhängern als Beleg für die Evolutionstheorie gesehen werden. Dieses Argument wird meist als erfüllte Vorhersage der Evolution präsentiert. Das Problem mit dieser Argumentationslinie ist jedoch, dass es unzählige nicht erfüllte Vorhersagen der Evolutionstheorie gibt. Wenn Evolutionsanhänger für diese Fälle ad-hoc-Erklärungen liefern dürfen, dann können Befürworter intelligenten Designs auch alternative Erklärungen für die wenigen evolutionären Vorhersagen anbieten, die sich bewahrheiten. Der Unterschied ist, dass unsere alternative Erklärung – in diesem Fall gemeinsames Design für Ähnlichkeiten – sogar das Kriterium erfüllt, das Atheisten selbst verwenden.

Ein weiteres Argument könnte lauten, dass diese Übergangsfossilien in annähernd sequentieller Reihenfolge wie ein Hinweis auf gemeinsame Abstammung oder Evolution wirken und daher die Beweislast bei denjenigen liegt, die gegen Evolution argumentieren. Dieses Argument ist in mehrfacher Hinsicht problematisch. Erstens: Wenn Evolutionsanhänger auf dieser Grundlage argumentieren wollen, dann sieht der gesamte Fossilienbericht so aus, als fände keine Evolution statt – wegen seiner plötzlichen und abrupten Übergänge.

Zweitens: Wenn Evolutionsanhänger behaupten können, dass alle Fossilien, deren Reihenfolge nicht mit der Evolutionstheorie übereinstimmt, von Arten stammen, die zu anderen Zeiten lebten als ihre Fossilien, dann können wir denselben Anspruch auf die Walevolution anwenden. Vielleicht sind diese Arten zu einer anderen Zeit entstanden als der Zeitpunkt ihrer Fossilien. Das ist selbst laut Evolutionsbiologen möglich, und sie verwenden diese Erklärung ständig.

Ein weiteres Argument der Evolutionisten könnte sein, dass die einzige Alternative zur Evolution für das Vorkommen dieser Fossilien zur jeweiligen Zeit sei, dass Gott uns täuschen wolle. Dieses Argument ist in mehrfacher Hinsicht problematisch. Erstens beruhen alle Argumente, die Annahmen darüber treffen, wie Gott handeln würde, auf subjektiven Intuitionen, die sich von Person zu Person und von Kultur zu Kultur unterscheiden. Solche Intuitionen können unmöglich als objektive Beweise dienen.

Zweitens gibt es hier zwei unterschiedliche Argumente. Das erste ist: Warum würde Gott eine so ähnliche Spezies zu einer ähnlichen Zeit erschaffen, die wie eine Sequenz wirkt? Es ist nichts Ungewöhnliches daran, dass ein Designer Produkte nach einem ähnlichen Muster entwirft. Das geschieht ständig. Zum Beispiel haben alle Apple-Produkte bestimmte gemeinsame Merkmale. Und warum werden solche ähnlichen Produkte in Folge hergestellt? Schauen wir uns alle Versionen des iPhones an, die Apple herausgebracht hat – sie ähneln sich ebenfalls sequentiell. Das ist nur eines von unzähligen Beispielen. Designer arbeiten häufig auf diese Weise.

Außerdem würde ich argumentieren, dass diese Spezies nicht notwendigerweise so aussehen, als würde hier Evolution stattfinden. Das stärkste Argument für diese Aussage ist, dass das Tier in der Mitte der Serie, Kutchicetus, viel kleiner ist als sowohl seine Vorfahren als auch seine Nachkommen. Ein weiteres Problem, das es weniger wie eine Evolution aussehen lässt, ist die Tatsache, dass bestimmte ähnliche Merkmale in einigen der angeblichen walähnlichen Tiere unmöglich durch gemeinsame Abstammung erklärt werden können. Das schwächt die Behauptung erheblich, dass all diese Ähnlichkeiten auf gemeinsame Abstammung zurückzuführen seien.

Noch etwas: Evolutionsanhänger setzen voraus, dass unsere Gefühle und unser Verständnis in allem für Gott Priorität haben. Warum sollte das der Fall sein? Ich könnte dem evolutionistischen Standpunkt in diesem Punkt vielleicht Sympathie entgegenbringen, wenn sie zumindest eine konsistente Erkenntnistheorie hätten – aber ihre Erkenntnistheorie beruht auf Doppelmoral und Rosinenpickerei, wie ich in Kapitel 3 gezeigt habe. Ihre Gefühle und Annahmen sind daher wertlos. Damit ist das erste Argument erledigt.

Das zweite Argument lautet: Warum würde Gott es zulassen, dass wir Fossilien entdecken, die angeblich wie Evolution aussehen, wenn keine Evolution stattfindet? Die Antwort ist einfach: In keinem religiösen Buch – und ganz sicher nicht im Qur'an – steht, dass wir alles verstehen werden oder für alles, was Gott tut, eine Erklärung bekommen müssen. Das ist eine haltlose Annahme verzweifelter Evolutionisten und Atheisten.

Je mehr man über diese Annahme nachdenkt, desto absurder erscheint sie. Haben wir jemals erlebt, dass jemand, der für uns verantwortlich ist oder Autorität über uns hat, uns ständig die Gründe für jede einzelne Handlung erklärt? Wenn das schon bei Menschen nicht der Fall ist – warum glauben Evolutionsanhänger, dass Gott das tun würde?

Man sollte sich auch bewusst machen, dass diese gesamte Argumentation von Anfang bis Ende nichts weiter ist als ein Appell an Intuitionen – und genau solche Intuitionen akzeptieren diese Leute normalerweise gar nicht als Beweise. Fazit: Die evolutionistischen Argumente scheitern aus zahlreichen Gründen – und in vielen Fällen werden sie durch genau die Antworten widerlegt, die Evolutionsanhänger selbst gegenüber Argumenten für Design und getrennte Abstammung verwenden. Diese drei Beispiele reichen aus, um das Argument der Evolutionisten anhand von Übergangsfossilien zu entkräften.

Falsifikation

Ich habe das Thema Falsifikation und den Fossilienbericht bereits im vorherigen Kapitel ausführlich behandelt. Ich muss an dieser Stelle nicht dieselben Punkte wiederholen. Allerdings unterscheidet sich dieses Argument in einfacher und eindeutiger Weise von dem vorherigen.

Der erste Unterschied besteht darin, dass dieses spezielle Argument offensichtlich unfalsifizierbar ist. Der Grund dafür ist folgender: Angenommen, wir finden ein bestimmtes Übergangsfossil. Dieses Fossil kann als Beweis für die Evolution dienen und ist mit ihr vereinbar. Nehmen wir nun an, wir finden ein bestimmtes Übergangsfossil nicht. Dieses Fehlen kann einfach durch die mangelhafte Qualität des Fossilienberichts erklärt werden – und ist ebenfalls mit der Evolution vereinbar. Hier ist eine Quelle zu diesem Argument:

„Es wird immer 'Lücken' geben; sie werden nur schmaler. Biologen interpretieren diese Lücken – ob schmal oder breit – nicht als Beweis gegen gemeinsame Abstammung (CA). Lücken werden einfach auf 'die

Unvollkommenheit des Fossilienberichts' zurückgeführt – Fossilien entstehen oft nicht, und selbst wenn sie entstehen, können sie leicht zerstört werden oder von Biologen übersehen werden. Ist diese Reaktion der Evolutionisten ein Fall von 'sie wollen den Kuchen haben und ihn gleichzeitig essen'? Wenn das Finden von Zwischenformen ein Beweis für CA ist, ist das Nichtfinden dann kein Beweis dagegen?...

Wir kommen nun zur Behauptung, Evolutionisten spielten ein Spiel à la 'Kopf ich gewinne, Zahl du verlierst', wenn sie sich auf die Unvollkommenheit des Fossilienberichts berufen, um das Fehlen eines Fossils zu entschuldigen, das zwischen X und Y liegen sollte. Der entscheidende Punkt ist, nicht die Existenz von Zwischenformen mit der Beobachtung solcher Formen zu verwechseln. Wie wir gesehen haben, verpflichtet sich die CA-Hypothese zur ersten dieser Aussagen – solange der Gradualismus korrekt ist. Aber die CA-Hypothese garantiert nicht, dass wir diese Zwischenformen auch tatsächlich beobachtet haben.

Ein altes Motto, das Wissenschaftler oft wiederholen, lautet: 'Abwesenheit von Beweisen ist kein Beweis für Abwesenheit.' Was im vorliegenden Kontext zutrifft, ist: Wenn man nicht einmal nach fossilen Zwischenformen sucht, wird man sie mit Sicherheit nicht finden – und das gilt unabhängig davon, ob die Hypothese der gemeinsamen oder getrennten Abstammung korrekt ist. In einem solchen Fall liefert das Scheitern beim Finden einer Zwischenform keinerlei Beweise für oder gegen eine der beiden Hypothesen. Abgesehen von diesem Sonderfall übertreibt das Motto jedoch. Angenommen, man sucht aktiv nach fossilen Zwischenformen und findet keine. Dieses Ergebnis ist unter den beiden Hypothesen nicht gleich wahrscheinlich, wenn $0 < q, a < 1$. Die Einträge jeder Spalte müssen sich auf eins summieren, sowohl in Abbildung 4.15 als auch in Abbildung 4.14. Was ohne Übertreibung zutrifft, ist, dass bei vielen relevanten Parameterwerten das Nichtauffinden einer fossilen Zwischenform nur einen vernachlässigbaren Beweis für getrennte

Abstammung gegenüber gemeinsamer Abstammung liefert – Abwesenheit von Beweisen ist nahezu wertlos."[135]

Schlussfolgerung

Dies ist eines der häufigsten und prominentesten Argumente für die Evolution. Selbst wenn es ein starkes Argument wäre, würde es lediglich die universelle gemeinsame Abstammung beweisen. Argumente wie dieses können nicht einmal prinzipiell zeigen, dass das Leben durch ungesteuerte und blinde physikalische Prozesse entstanden ist. Doch dieses Argument ist extrem schwach, hat sowohl logische als auch wissenschaftliche Mängel und ist anfällig für genau die Einwände, die Evolutionsanhänger gegen Argumente für Design oder getrennte Abstammung selbst vorbringen. All diese Tatsachen machen dieses Argument als Beleg für universelle gemeinsame Abstammung wertlos.

Ein weiterer wichtiger Punkt sei hier erwähnt: Die Walevolution verursacht massive Probleme für den standardmäßigen neo-darwinistischen Evolutionsmechanismus und stellt ein starkes Argument für intelligentes Design dar. Ich werde dieses Problem in einem zukünftigen Buch behandeln, in dem ich das Waiting-Time-Problem detailliert besprechen werde.

Genetik und phylogenetische Bäume

In diesem Kapitel werde ich eines der wichtigsten und am häufigsten verwendeten Argumente für die Evolution behandeln, insbesondere in den letzten Jahrzehnten: phylogenetische Bäume. Ich werde auch kurz auf die Genetik eingehen. Dies ist ein äußerst wichtiges Thema, wenn es darum geht, lebende Organismen und die in ihnen ablaufenden Prozesse zu verstehen – aber was die Beweise für die Evolution angeht, sind genetische Details nicht entscheidend. Ein grundlegendes Verständnis genügt.

Genetik:

Ich habe das Konzept von Genen und DNA in diesem Buch bereits mehrfach erklärt. Für den Moment gebe ich nur eine Referenz, um dieses Konzept zu verdeutlichen:

„Um die Einzelheiten der Evolution zu verstehen, müssen wir zwischen Genotyp und Phänotyp unterscheiden (Urry et al. 2016, 274). Gehen wir zurück zu dem Moment, in dem Eltern Kinder bekommen. Man stellt fest, dass die Kinder im Durchschnitt ihren Eltern ähnlich sehen, aber auch Unterschiede aufweisen. Die Biologie erklärt, warum das so ist. Alle biologischen Wesen besitzen eine grundlegende biologische Einheit namens Gene, die unsere DNA bilden. Diese enthalten den Bauplan, der bestimmt, wie wir schließlich aussehen (z.B. Haarfarbe), welche Neigungen wir haben (z.B. Essgewohnheiten) und wie es um unsere Gesundheit steht (z.B. ob wir gesund sind oder mit einer Krankheit geboren werden). DNA wird bei der Fortpflanzung in Form von Chromosomen weitergegeben und stellt in der Regel eine Mischung beider Elternteile dar (Urry et al. 2016, 254–268). Die eine Hälfte stammt von der Mutter, die andere vom Vater. Aufgrund dieser Verteilung lässt sich erklären, warum Kinder ihren Eltern gleichzeitig ähneln und sich von ihnen unterscheiden. An dieser Stelle ist die Unterscheidung zwischen Genotyp und Phänotyp hilfreich. Der Genotyp bezeichnet, was ein biologisches Wesen auf genetischer Ebene ist, der Phänotyp, was es auf beobachtbarer Ebene ist. Wenn der Genotyp den Phänotyp formt, spricht man von Genexpression (Urry et al. 2016, 335). Wenn ein Kind beispielsweise genetisch schwarze Haare haben soll, wird sich das in seinem Aussehen zeigen. Die Genexpression ist im gesamten biologischen Reich allgegenwärtig."[136]

Hier ist eine Referenz zum allgemeinen Argument für Evolution aus der Genetik:

„Genetik ist eines der eindeutigsten Beweismittel für die Evolution. Bevor wir uns der Wissenschaft zuwenden, betrachten wir eine einfache Analogie. Stell dir eine Lehrerin vor, die eine Burg aus Legosteinen gebaut hat. Sie sagt ihren zwanzig Schülern, dass sie jeweils entweder einen Legostein hinzufügen, entfernen, austauschen oder alles so lassen sollen, wie es ist. Und das darf immer nur ein Schüler zurzeit. Der erste Schüler kommt also, wählt eine der Optionen und geht wieder. Die Lehrerin macht danach ein Foto. Der nächste Schüler kommt, macht dasselbe, und es wird erneut ein Foto gemacht. So geht es weiter mit allen zwanzig Schülern. Am Ende hat die Lehrerin eine Fotoserie, die zeigt, wie sich die Burg mit der Zeit verändert hat. Nun gibt sie diese Fotos einem anderen Kurs, der die Übung nicht gemacht hat – jedoch in zufälliger Reihenfolge. Diese Schüler müssen anhand der Hinweise in den Bildern die korrekte zeitliche Abfolge rekonstruieren. Da jeder Schüler nur eine kleine Änderung vornehmen durfte, ist das relativ einfach. Das Studium der Genetik ist grob vergleichbar damit...

Interessant ist hierbei, dass wir genetische Ähnlichkeiten in den Chromosomen von Orang-Utans, Affen, Schimpansen und Menschen beobachten – ein bedeutender Hinweis auf gemeinsame Vorfahren." [137]

Das Entscheidende bei diesem Argument ist Folgendes: Die Logik hinter diesem Argument ist dieselbe wie hinter nahezu jedem Argument für die universelle gemeinsame Abstammung.

Ähnlichkeiten können nicht zufällig sein und sind daher am besten durch gemeinsame Abstammung erklärbar. Evolutionisten wollen den Eindruck erwecken, dass diese verschiedenen Argumente für die universelle gemeinsame Abstammung voneinander unabhängig seien.

Tatsächlich beruht die grundlegende Logik aller dieser Argumente auf der Annahme, dass Ähnlichkeiten nicht zufällig sein können und daher am besten durch gemeinsame Abstammung erklärt werden. Dieses Argument wurde in diesem Buch bereits mehrfach behandelt, daher müssen wir es nicht wiederholen. Zudem ist dieses Argument ausschließlich ein Hinweis auf gemeinsame Abstammung. Es kann – selbst theoretisch – nicht beweisen, dass Leben durch ungelenkte physikalische Prozesse entstanden ist. Jetzt konzentrieren wir uns auf das wichtigere Argument der phylogenetischen Bäume.

Phylogenetische Bäume

Ein phylogenetischer Baum ist ein Diagramm, das evolutionäre Beziehungen zwischen Organismen darstellt. Phylogenetische Bäume sind Hypothesen, keine gesicherten Fakten. Das Verzweigungsmuster eines phylogenetischen Baums zeigt, wie sich Arten oder andere Gruppen aus einer Reihe gemeinsamer Vorfahren entwickelt haben. Diese Bäume können entweder auf Genetik oder Morphologie beruhen, und sie können für jedes Gen oder verschiedene morphologische Merkmale erstellt werden. Hier eine Einführung in das Konzept der phylogenetischen Bäume:

„Ein phylogenetischer Baum, auch Phylogenie genannt, ist ein Diagramm, das die evolutionären Abstammungslinien verschiedener Arten, Organismen oder Gene von einem gemeinsamen Vorfahren zeigt. Phylogenien sind nützlich, um das Wissen über biologische Vielfalt zu ordnen, Klassifikationen zu strukturieren und Einblicke in evolutionäre Ereignisse zu geben. Da diese Bäume die Abstammung von einem gemeinsamen Vorfahren zeigen und viele der stärksten Beweise für Evolution in der gemeinsamen Abstammung liegen, muss man Phylogenien verstehen, um die überwältigenden Belege für die Evolutionstheorie vollständig zu erfassen.

Baumdiagramme werden in der Evolutionsbiologie bereits seit der Zeit von Charles Darwin verwendet. Man könnte daher meinen, dass die meisten Wissenschaftler heute mit dem sogenannten ‚Tree Thinking' – also dem Lesen und Interpretieren von Phylogenien – bestens vertraut sind. Doch das Baum-Modell der Evolution ist entgegen der Intuition und wird leicht missverstanden. Deshalb haben Biologen erst in den letzten Jahrzehnten ein präzises Verständnis von phylogenetischen Bäumen entwickelt. Dieses Verständnis erlaubt es heutigen Forschern, die Evolution zu visualisieren, ihr Wissen über Biodiversität zu ordnen und ihre evolutionäre Forschung zu strukturieren und zu leiten."[138]

Hier ist eine Quelle aus einem Artikel, der erklärt, wie man phylogenetische Bäume erstellt:

Es gibt vier Leitprinzipien, um einen evolutionären Baum auf morphologischer Grundlage zu erstellen:

- Organismen, die sich in vielen Merkmalen ähneln, sind wahrscheinlich näher miteinander verwandt als solche, die sich nur in wenigen Punkten ähneln. Je größer die strukturelle Ähnlichkeit, desto enger die wahrscheinliche Verwandtschaft.

- Evolution ist in der Regel das Ergebnis einer allmählichen Anhäufung kleiner Veränderungen in Struktur (und Funktion), aber gelegentlich treten auch größere Veränderungen auf.

- Im Allgemeinen entwickeln sich einfachere Formen zu komplexeren und kleinere zu größeren, wobei es Ausnahmen geben kann.

- Evolutionäre Prozesse verlaufen nicht rückwärts, aber spezialisierte Strukturen können verloren gehen.[139]

Einen Baum auf Grundlage ähnlicher Merkmale zu erstellen, beweist keine gemeinsame Abstammung. Der Artikel fordert die Schüler sogar auf, phylogenetische Bäume mit physischen Objekten im Klassenzimmer zu erstellen – obwohl diese offensichtlich nicht das Ergebnis von Evolution sind. Hier ist eine weitere Quelle zum grundlegenden Denkansatz hinter diesen Bäumen:

„Die molekulare Systematik basiert (weitgehend) auf der Annahme, die erstmals klar von Zuckerkandl und Pauling (1962) formuliert wurde, dass das Ausmaß der Ähnlichkeit den Verwandtschaftsgrad widerspiegelt."[140]

Eines der häufigsten und oft als stärkstes einzelnes Argument für die Evolution dargestellten Argumente ist, dass Stammbäume, die auf unterschiedlichen Genen basieren, dasselbe Ergebnis liefern. Das gilt auch für Bäume, die auf Morphologie beruhen oder genetische und morphologische Daten kombinieren. Dies wäre unwahrscheinlich, wenn ein intelligenter Designer das Leben erschaffen hätte – aber es ist genau das, was man erwarten würde, wenn die universelle gemeinsame Abstammung wahr ist. Hier sind einige Aussagen eines Evolutionisten, der dieses Argument vorbringt:

„Vergleichende DNA- (oder Protein-)Beweise können – unter der Annahme der Evolution – genutzt werden, um zu bestimmen, welche Tierpaare näher miteinander verwandt sind. Was das zu einem extrem starken Beweis für die Evolution macht, ist die Tatsache, dass man für jedes einzelne Gen separat einen Stammbaum erstellen kann. Und das entscheidende Ergebnis ist, dass jedes Gen ungefähr denselben Stammbaum liefert. Genau das würde man erwarten, wenn es sich um einen echten Stammbaum handelt. Nicht jedoch, wenn ein Designer das gesamte Tierreich überblickt und einfach die besten Proteine ausgesucht hätte, wo immer sie sich finden lassen."[141]

„Das Muster der Ähnlichkeiten, das sich ergibt, wenn man Gene mit modernen DNA-Techniken vergleicht – also Buchstabe-für-Buchstabe-Vergleiche zwischen Genen vornimmt –, ergibt bei jeder Tier- oder Pflanzenpaarung ein hierarchisches Muster: einen perfekten Stammbaum. Und die einzige Alternative zu einem Stammbaum wäre, dass ein intelligenter Designer absichtlich versucht hätte, uns in irreführender und hinterhältiger Weise zu täuschen. Zudem ergibt sich dasselbe Muster bei jedem einzelnen Gen, sogar bei Pseudogenen, die nichts mehr bewirken, aber Überreste früherer funktionierender Gene darstellen."[142]

Dieses Argument wird oft als der stärkste Beweis für die Evolution dargestellt. Doch hier liegt das Problem für Evolutionisten: Sie lügen. Die phylogenetischen Bäume widersprechen sich massiv, und diese Tatsache ist seit Jahrzehnten bekannt. Ich werde gleich Belege aus anerkannten Fachzeitschriften und von führenden Evolutionsbiologen anführen, die genau dies bestätigen. Die Evolutionisten, die gegenteilige Behauptungen aufstellen, sind nicht einfach nur schlecht informiert – sie lügen bewusst. Um den Beweis dafür zu sehen, reicht ein Blick auf die Daten der zitierten Quellen. Fast alle stammen aus begutachteten Fachzeitschriften der Evolutionsbiologie. Hier die Referenzen:

Im Jahr 2005 analysierten die Evolutionsbiologen Antonis Rokas, Dirk Krüger und Sean B. Carroll fünfzig Gene aus siebzehn Tiergruppen und kamen zu dem Schluss: „Verschiedene phylogenetische Analysen können widersprüchliche Schlüsse mit [scheinbar] absoluter Unterstützung liefern."[143]

„Rekombination unterbricht die evolutionäre Geschichte zwischen Genomregionen, wodurch sich die evolutionären Geschichtsverläufe verschiedener Genomregionen unterscheiden können. Tatsächlich sind widersprüchliche phylogenetische Signale zwischen Genen weit verbreitet. Die Ursachen können statistischer oder systematischer Natur sein. Um stark gestützte, aber falsche

Schlussfolgerungen aufgrund systematischer Fehler zu vermeiden, ist die Anwendung geeigneter phylogenetischer Methoden, die diese Prozesse berücksichtigen, von grundlegender Bedeutung."[144]

Ein Artikel aus dem Jahr 2009 in *Trends in Ecology and Evolution* stellt fest: „Eine große Herausforderung bei der Einbindung großer Datenmengen in die Ableitung von Artbäumen besteht darin, dass widersprüchliche genealogische Geschichten in verschiedenen Genen im gesamten Genom häufig vorkommen."[145]

Ein Artikel aus dem Jahr 2021 stellt fest: „Eine unmittelbare Herausforderung besteht darin, mit den allgegenwärtigen phylogenetischen Widersprüchen in vollständigen Genomdaten umzugehen."[146]

Carl Woese, ein Pionier der molekularen Evolutionssystematik, beobachtete, dass diese Probleme weit über die Wurzel des Stammbaums des Lebens hinausgehen: „Phylogenetische Inkongruenzen [Widersprüche] finden sich überall im universellen Baum – von seiner Wurzel über die Hauptverzweigungen innerhalb und zwischen den Taxa bis hin zur Zusammensetzung der primären Gruppierungen selbst."[147]

„Durch die Anwendung strenger und reproduzierbarer Kriterien zur Identifikation orthologer Proteine konnten wir zahlreiche proteincodierende Gene für die phylogenetische Analyse extrahieren. Unsere gleichzeitige Analyse mehrerer orthologer Proteine zeigt, dass verschiedene Proteine unterschiedliche scheinbare phylogenetische Baumtopologien erzeugen können – ein starkes Indiz dafür, dass historische Phylogenien nicht auf Basis einzelner proteincodierender Gene abgeleitet werden sollten."[148]

„Lange Zeit war es das Ziel, einen Stammbaum des Lebens zu erstellen", sagt Eric Bapteste, Evolutionsbiologe an der Universität Pierre und Marie Curie in Paris. „Vor einigen Jahren schien dieses Ziel in Reichweite. Aber heute liegt das Projekt in Trümmern – zerrissen durch eine Flut negativer Beweise. Viele Biologen argumentieren heute, dass das Baumkonzept obsolet sei und aufgegeben werden müsse. ‚Wir haben keinerlei Beweise dafür, dass der Stammbaum des Lebens real ist', sagt Bapteste." Diese Aussage hat sogar einige dazu veranlasst, unser grundlegendes biologisches Weltbild infrage zu stellen.[149]

Meiner Ansicht nach sind diese Referenzen aus der Fachliteratur der Evolutionsbiologie Beweis genug, dass sich phylogenetische Bäume auf genetischer Basis gegenseitig widersprechen – und dass dies seit Langem bekannt ist. Evolutionisten haben über Jahrzehnte hinweg schamlos gelogen.

Ein weiteres wichtiges Argument betrifft die Behauptung, dass Stammbäume basierend auf Genetik und Morphologie ähnliche Ergebnisse liefern. Dies wird von Evolutionisten als einer der stärksten Beweise für die Evolution dargestellt. Hier eine Referenz zu diesem angeblichen Test für die Evolution:

„In den 1960er-Jahren, etwa zur Zeit der Entschlüsselung des genetischen Codes, vermuteten die Biochemiker Émile Zuckerkandl und Linus Pauling, dass DNA-Sequenzen zur Erstellung von Evolutionsbäumen genutzt werden könnten – Bäume, die mit denen auf Grundlage morphologischer Merkmale übereinstimmen. Das würde, so sagten sie, ‚den besten einzelnen Beweis für die Realität der Makroevolution liefern.'"[150]

In ihrer populären Literatur behaupten Evolutionisten häufig, dass genetische und morphologische Bäume übereinstimmen. Hier einige Referenzen:

„Die effektive Vorhersage ist, dass die Details der molekularen Evolution mit denen der makroskopischen Evolution übereinstimmen müssen. Und genau das ist der Fall: Es gibt keinen einzigen Fall, in dem molekulare Spuren von Veränderungen unseren Beobachtungen an ganzen Organismen widersprechen."[151]

„Penny et al. (1982) schlagen eine Methode zum Testen der Hypothese gemeinsamer Abstammung vor, bei der verschiedene Datensätze für dieselben Taxa betrachtet werden. Dann wird mittels phylogenetischer Parsimonie ermittelt, welcher Baum von jedem Datensatz am besten gestützt wird. Es stellte sich heraus, dass die bevorzugten Bäume für die verschiedenen Datensätze sehr ähnlich waren. Penny et al. sahen darin ein Argument zugunsten der gemeinsamen Abstammung."[152]

Wie man sich denken kann, ist auch diese Behauptung falsch. Hier sind einige Referenzen, die das belegen:

„Inkongruenzen zwischen Phylogenien, die aus morphologischen versus molekularen Analysen abgeleitet wurden – und zwischen Bäumen, die auf unterschiedlichen molekularen Datensätzen basieren – sind allgegenwärtig geworden, da Datensätze sowohl hinsichtlich der Merkmale als auch der Artenzahl stark gewachsen sind."[153]

Ein Übersichtsartikel in *Nature* berichtet: „Diskrepanzen zwischen molekularen und morphologischen Bäumen" führten zu „Evolutionskriegen", weil „evolutionäre Bäume, die durch Analyse biologischer Moleküle erstellt wurden, oft nicht mit denen auf Basis der Morphologie übereinstimmen."[154]

„Als Morphologen mit großen Hoffnungen auf die molekulare Systematik beenden wir diesen Überblick ernüchtert. Übereinstimmung zwischen molekularen Phylogenien ist ebenso schwer fassbar wie bei morphologischen Daten – und ebenso zwischen Molekülen und Morphologie."[155]

„Die Fülle an konkurrierenden morphologischen sowie molekularen Hypothesen über die vorherrschenden Phylogenien der Säugetierordnungen würde den [Stammbaum der Säugetiere] zu einem ungelösten Busch reduzieren, wobei das einzige konsistente Klad wahrscheinlich die Gruppierung von Elefanten und Seekühen ist."[156]

„Dass molekulare Beweise typischerweise mit morphologischen Mustern übereinstimmen, ist eine von vielen Biologen vertretene Ansicht – jedoch interessanterweise von relativ wenigen Systematikern. Die meisten Systematiker wissen, dass diese beiden Beweislagen oft nicht übereinstimmen."[157]

Es ist also offensichtlich, dass selbst führende Evolutionsbiologen bestätigen, dass die von Evolutionisten propagierten Beweise über Jahrzehnte hinweg falsch dargestellt wurden. Wenn so viele Evolutionisten ständig bei diesen grundlegenden Fragen lügen, warum sollte man ihren anderen Behauptungen Glauben schenken? Vor allem, wenn sie selbst sagen, dass diese Übereinstimmung als „größter Beweis" für die Evolution gilt?

Die Tatsache, dass Bäume auf genetischer und morphologischer Ähnlichkeit nicht übereinstimmen, stellt ein massives Problem für die Theorie der universellen gemeinsamen Abstammung dar. Wenn Ähnlichkeiten hauptsächlich durch gemeinsame Abstammung erklärt werden, müssten verschiedene Bäume auf Grundlage verschiedener Ähnlichkeiten ähnliche Ergebnisse liefern. Dass sie das nicht tun, zeigt, dass Ähnlichkeiten nicht primär auf gemeinsame Abstammung zurückzuführen sind.

Wenn diese Menschen ehrlich wären in ihren Behauptungen über die Falsifizierbarkeit der Evolution, dann müssten sie jetzt zugeben, dass die Evolutionstheorie widerlegt ist. Aber das tun sie nicht. Stattdessen denken sich Evolutionisten ad-hoc-Erklärungen aus, um ihre Überzeugungen zu retten. Genau solche Dinge haben mich überzeugt, dass der Glaube an Evolution wie der Glaube an eine Religion ist – nur dass diese Religion längst widerlegt ist.

Ein weiterer Punkt: Viele Evolutionsapologeten behaupten, die Evolutionstheorie sage gar nicht voraus, dass phylogenetische Bäume perfekt übereinstimmen müssen – daher gebe es kein Problem. Doch das ist ein Ausweichmanöver.

Mein Argument – und das der Vertreter des Intelligent Design – ist nicht, dass phylogenetische Bäume perfekt übereinstimmen müssen. Das behauptet niemand. Kleine Widersprüche wären kein Problem für die Evolutionstheorie. Das Problem ist: Es gibt massive Widersprüche, so massiv, dass selbst Evolutionsbiologen nach alternativen Erklärungen wie dem Horizontalen Gentransfer suchen – auf den wir im nächsten Abschnitt eingehen werden.

Der Grund, warum Evolutionsbiologen solche Erklärungen entwickeln, liegt darin, dass diese Widersprüche nicht geringfügig sind. Sie sind gravierend und können nicht einfach mit Zufall erklärt oder wegdiskutiert werden. Nun wenden wir uns den gängigen evolutionistischen Erklärungen für dieses Problem zu – insbesondere dem Horizontalen Gentransfer.

Horizontaler Gentransfer

Die Hauptalternative, die von Evolutionisten als Erklärung angeführt wird, ist der horizontale Gentransfer. Die klassische Evolutionstheorie besagt, dass Gene nur von Eltern an Nachkommen weitergegeben werden – dies ist vertikaler Gentransfer. Angenommen, ein Bakterium überträgt ein Gen auf einen Affen – das wäre horizontaler Gentransfer. Fairerweise muss man sagen, dass horizontaler Gentransfer bei Einzellern häufig beobachtet wird und auch bei kleineren Tieren vorkommt.[158] Bei größeren und komplexeren Tieren wie Fischen sind solche Fälle jedoch seltener, weshalb der horizontale Gentransfer bei größeren Tieren in der Evolutionsbiologie stark umstritten und diskutiert ist. Hier sind zwei Quellen zu diesem Sachverhalt:

„Vor etwa zwanzig Jahren wurden die Fundamente des Stammbaums des Lebens erschüttert durch die Erkenntnis, dass prokaryotische Genome aus Genen mit unterschiedlichen evolutionären Geschichten bestehen. ... Die anschließende Explosion von Ganzgenomsequenzierungen in den späten 1990er-Jahren und der Aufstieg der vergleichenden Genomik sollten Woeses Baum bestätigen und festigen. Diese Hoffnungen waren jedoch nur von kurzer Dauer. Phylogenetische Analysen zeigten bald, dass verschiedene Gene im selben Genom sehr unterschiedliche Baumtopologien ergeben konnten, und selbst eng verwandte Organismen wiesen erhebliche Unterschiede im Geninhalt auf. Eine neue evolutionäre Kraft wurde eingeführt: lateraler Gentransfer – der Austausch genetischen Materials zwischen verschiedenen Arten."[159]

„Viele Tiere, einschließlich des Menschen, haben laut einer in der Open-Access-Zeitschrift *Genome Biology* veröffentlichten Studie in der Vergangenheit essentielle ‚fremde' Gene von Mikroorganismen in ihrer Umwelt aufgenommen. Die Studie stellt die konventionelle Ansicht infrage, dass tierische Evolution ausschließlich auf Genen basiert, die durch die Ahnenlinie weitergegeben werden, und legt nahe, dass dieser Prozess zumindest in manchen Linien bis heute andauert.

Der horizontale Gentransfer (HGT) – die Übertragung von Genen zwischen Organismen, die im selben Lebensraum existieren – ist bei Einzellern wohlbekannt und gilt als wichtiger Mechanismus, der z. B. die schnelle Entwicklung von Antibiotikaresistenzen bei Bakterien erklärt.

HGT wird auch als bedeutsam in der Evolution mancher Tiere betrachtet, darunter Fadenwürmer, die Gene von Mikroorganismen und Pflanzen aufgenommen haben, sowie bestimmte Käfer, die bakterielle Gene erwarben, um Enzyme zur Verdauung von Kaffeebohnen zu produzieren. Doch die Vorstellung, dass HGT bei komplexeren Tieren wie dem Menschen stattfindet, wurde lange heftig debattiert und bestritten."[160]

Einige Evolutionisten haben versucht zu argumentieren, dass horizontaler Gentransfer bei komplexen Organismen wie dem Menschen viel weiter verbreitet sei. Hier ein Beispiel solcher Behauptungen:

Der Hauptautor Alastair Crisp von der Universität Cambridge, Großbritannien, sagte: „Dies ist die erste Studie, die zeigt, wie weit verbreitet horizontaler Gentransfer (HGT) bei Tieren einschließlich des Menschen vorkommt und zur Entstehung von Dutzenden oder Hunderten aktiver ‚fremder' Gene geführt hat. Überraschenderweise scheint HGT weit davon entfernt zu sein, eine seltene Ausnahme zu sein. Vielmehr scheint es zur Evolution vieler – vielleicht aller – Tiere beigetragen zu haben, und der Prozess ist weiterhin im Gange. Wir müssen womöglich unsere gesamte Sichtweise auf Evolution überdenken."[161]

Es gibt zwei Möglichkeiten, mit dieser Reaktion von Evolutionisten umzugehen. Die erste ist, HGT als plausible Erklärung für die Widersprüche in phylogenetischen Bäumen zu akzeptieren. Angenommen, das ist eine plausible Erklärung. Wie können dann phylogenetische Bäume, die auf Genetik basieren, als Beweis für Evolution dienen? Die Evolutionstheorie machte eine Vorhersage – und diese wurde widerlegt. Wie kann eine widerlegte Vorhersage als Beweis für die Evolution dienen? Ganz einfach: Das kann sie nicht. Selbst wenn HGT eine gültige Erklärung ist, ist dieses populäre Argument für Evolution widerlegt.

Nehmen wir nun die andere Möglichkeit: dass HGT keine plausible Erklärung für die Widersprüche in genetischen Stammbäumen ist. Warum sollte man dies so sehen? Es gibt mehrere Gründe.

Der erste ist ein einfacher logischer Widerspruch. Die Tatsache, dass Gene horizontal übertragen werden können, mag eine mögliche Erklärung sein, stellt aber zugleich ein enormes Problem für das Argument der universellen gemeinsamen Abstammung dar. Es gibt Gene, von denen Evolutionisten erwarten, dass sie sich an bestimmten Stellen befinden – und Gene, bei denen sie es nicht erwarten. Sie möchten HGT als Erklärung für die "unerwarteten" Gene nutzen – aber dasselbe Prinzip könnte genauso gut für die „erwarteten" Gene gelten. In diesem Fall wird das Argument für gemeinsame Abstammung deutlich geschwächt, da Ähnlichkeiten ebenso gut auf

HGT zurückzuführen sein könnten wie auf gemeinsame Abstammung.

Zweitens: Evolutionisten testen die Erklärung durch HGT gar nicht. Sie rufen einfach HGT aus, sobald ein Widerspruch in phylogenetischen Bäumen auftaucht – ohne alternative Erklärungen zu prüfen. Hier ein paar Referenzen:

„Im phylogenetischen Ansatz wird jede topologische Diskrepanz zwischen einem Genbaum und einem als zuverlässig geltenden Referenzbaum als prima facie Beleg für HGT angesehen. Solche Diskrepanzen findet man auf allen Ebenen der Bäume, von jüngeren (Gattungen, Arten) bis zu älteren, was auf einen genetischen Austausch seit vor-genomischer Zeit hindeutet (Woese 2000). Aus dieser Sicht hat jedes Genom HGT in seiner Geschichte."[162]

Der Mikrobiologe und Molekularsystematiker Jonathan Eisen von der UC Davis schreibt:

„Im Allgemeinen ist das typisch für Behauptungen zu HGT. Viele Forscher zeigen Hinweise, die mit HGT vereinbar sind (was sie hier getan haben), aber nur wenige testen tatsächlich alternative Hypothesen wie Genverlust, fehlerhafte Alignments, Konvergenz, Divergenz, Kontamination, Zufallsrauschen und mehr. Ihre Arbeit ist sicherlich interessant, aber sie haben nicht alle Alternativen getestet." [163]

Es gibt auch grundlegende Probleme bei der Messung von HGT. Hier eine Quelle dazu:

„Inmitten all dieser konzeptuellen Feinheiten haben Molekularbiologen in den letzten zehn Jahren zunehmend Belege dafür gefunden, dass HGT bei Prokaryoten häufig vorkommt (McInerney et al. 2008; Sapp 2009; siehe Zitate in O'Malley 2018). Auf der anderen Seite gab es Versuche, HGT zu quantifizieren, um die Nachvollziehbarkeit früher Lebensformen zu bewerten (Puigbò et al. 2013; Gogarten et al. 2002; Huang und Gogarten, 2006). Das Problem ist, dass es erhebliche Schwierigkeiten bei der Messung von HGT gibt

– nicht zuletzt, weil die statistischen Kriterien und bioinformatischen Werkzeuge zur Schätzung desselben unter denselben methodischen Einschränkungen leiden wie phylogenetische Rekonstruktionen (Cortez et al. 2009).“[164]

All diese Probleme machen HGT zu einer problematischen Erklärung für die gescheiterten Vorhersagen der Evolutionstheorie. Selbst wenn man HGT als plausibel ansieht – das Argument für Evolution ist so oder so tot.

Falsifikation

Wie wir bereits gesehen haben, sollte die Konsistenz von phylogenetischen Bäumen ein Test für die Evolution sein – und die Evolution ist an diesem Test gescheitert. Doch Evolutionisten bringen ad-hoc-Erklärungen wie HGT ins Spiel. Wenn die phylogenetischen Bäume übereinstimmen, passt das zur Evolution. Wenn sie widersprüchlich sind, passt das angeblich auch – wegen HGT. Wie soll die Theorie auf dieser Grundlage jemals falsifizierbar sein? Wie kann so ein Argument als wissenschaftlicher Beweis gelten?

Fazit

Dieses Argument zeigt in aller Deutlichkeit die Unehrlichkeit vieler Evolutionisten und gehört zu den am häufigsten wiederholten Lügen über die Evolution. Es handelt sich um eine gescheiterte Vorhersage. Die Ersatz-Erklärungen, wie der horizontale Gentransfer, sind selbst mit enormen Problemen behaftet. Außerdem – wenn man die alternative Erklärung akzeptiert – ist das Argument nicht mehr falsifizierbar und kann somit kein wissenschaftlicher Beweis für Evolution sein.

Biogeographie

In diesem Kapitel werden wir uns mit der Biogeographie befassen und untersuchen, ob sie die Evolutionstheorie stützt oder nicht. Biogeographie ist die Lehre von der Verbreitung von Pflanzen, Tieren und anderen Lebensformen. Sie untersucht, wie die Geographie der Erde diese Verbreitung beeinflusst hat, was wiederum die Evolution von Arten beeinflussen kann. Dieser Zweig der Biologie ist interdisziplinär, und obwohl er sich hauptsächlich auf die Verteilung des Lebens konzentriert, spielt die Geologie in der Biogeographie eine wichtige Rolle. Die Biogeographie zeigt uns, wann und wo verschiedene Fossilien in der Geschichte des Lebens gefunden wurden.

Die meisten Daten aus der Biogeographie haben nichts mit Evolution zu tun und lassen sich leicht durch Migration und Kontinentalverschiebung erklären – Konzepte, die unstrittig sind und von fast allen Seiten in dieser Debatte akzeptiert werden. Es gibt viele Fälle, in denen Muster der Biogeographie den Vorhersagen der Evolutionstheorie entsprechen. Es gibt jedoch auch viele Fälle, in denen die Biogeographie nicht mit den Vorhersagen der Evolutionstheorie übereinstimmt, und am Ende dieses Kapitels wird klar sein, dass die Biogeographie ebenfalls massive Probleme für die Evolution darstellt.

Wir werden auch die Logik hinter diesem Argument untersuchen und sehen, warum es kein Beweis für eine universelle gemeinsame Abstammung ist. Man sollte sich bewusst sein, dass dieses Argument für die universelle gemeinsame Abstammung spricht. Es ist jedoch kein Argument dafür – und kann auch grundsätzlich nicht beweisen –, dass das Leben durch ungelenkte physikalische Prozesse entstanden ist.

Logik des Arguments

Zuerst analysieren wir die Logik dieses Arguments für die Evolution. Die allgemeine Logik besagt, dass Ähnlichkeiten auf gemeinsame Abstammung zurückzuführen sind. Dies wird in der

Biogeographie speziell darauf angewendet, warum ähnliche Tiere und Pflanzen zu ähnlichen Zeiten in ähnlichen Regionen vorkommen. Hier ist ein Verweis, der das evolutionistische Argument erklärt und warum die Biogeographie eine universelle gemeinsame Abstammung belegen soll:

„Es war Darwin, der diese Muster erstmals ernsthaft untersuchte. Durch seine eigenen Reisen auf der HMS Beagle und seine umfangreiche Korrespondenz mit Wissenschaftlern und Naturforschern erkannte er, dass Evolution notwendig war, um nicht nur den Ursprung und die Formen von Pflanzen und Tieren, sondern auch deren Verbreitung auf der Erde zu erklären. Diese Verteilungen warfen viele Fragen auf. Warum hatten ozeanische Inseln so seltsame und unausgewogene Pflanzen- und Tierwelten im Vergleich zu kontinentalen Zusammenstellungen? Warum waren fast alle einheimischen Säugetiere Australiens Beuteltiere, während auf dem Rest der Welt Plazentatiere dominierten? Und wenn Arten erschaffen wurden, warum versorgte der Schöpfer dann weit entfernte Regionen mit ähnlichem Terrain und Klima – wie die Wüsten Afrikas und Amerikas – mit Arten, die sich oberflächlich ähnelten, aber tiefgreifende Unterschiede aufwiesen?

Indem er über diese Fragen nachdachte, konnte Darwin auf dem Fundament aufbauen, das andere vor ihm gelegt hatten – eine Synthese, die er so wichtig fand, dass sie zwei ganze Kapitel in „Über die Entstehung der Arten" einnimmt. Diese Kapitel gelten oft als das Gründungsdokument der Biogeographie – der Lehre von der Verbreitung von Arten auf der Erde. Und ihre evolutionäre Erklärung der geographischen Verteilung des Lebens, größtenteils korrekt, wurde durch zahlreiche spätere Studien nur weiter bestätigt. Der biogeographische Beweis für Evolution ist heute so stark, dass ich noch nie ein kreationistisches Buch, einen Artikel oder Vortrag gesehen habe, der versucht hätte, ihn zu widerlegen. Kreationisten tun einfach so, als ob dieser Beweis nicht existiere."[165]

Es gibt zwei Arten, wie Evolutionisten das Argument aus der Biogeographie vorbringen. Beide sind wichtig, enthalten jedoch schwerwiegende logische Mängel und stehen vor massiven wissenschaftlichen Problemen. Ich werde beide einzeln behandeln.

Argument aus Intuition

Das erste Argument lautet: Wenn Gott Lebensformen separat erschafft, warum würde er dann verschiedene Tiere in verschiedene Regionen setzen? Warum würde er nicht ähnliche Tiere überall hinsetzen? Das erste, was man bemerken sollte, ist, dass dieses Argument Annahmen darüber trifft, wie Gott handeln würde oder nicht handeln würde.

Wie ich schon oft erklärt habe, beruhen diese Arten von Argumenten auf subjektiven Intuitionen darüber, wie Gott das Leben erschaffen würde – Intuitionen, die von Person zu Person und von Kultur zu Kultur unterschiedlich sind. Sie sind subjektiv und können daher nicht als Beweis gelten. Man sollte im Hinterkopf behalten, dass Evolutionisten – und Atheisten – Intuitionen nicht als Beweise akzeptieren. Und doch nutzen sie hier erneut Intuitionen als Beweise. Die Inkonsistenz und Heuchelei ist wirklich erstaunlich.

Ein weiteres großes Problem mit diesem Argument ist die Annahme, dass Gott ähnliche Arten in einigen Regionen, aber nicht in anderen platzieren sollte. Das ist ein ziemlich dummes Argument. Designer und Hersteller in unserer Erfahrung stellen oft bestimmte Produkte für bestimmte Regionen her.

Was ist ungewöhnlich daran, dass Gott eine bestimmte Art von Tier für eine bestimmte Region und eine andere Art für eine andere Region erschafft? Denke an die Organisation durch den Menschen. Bewahren wir alle unsere Dinge immer in derselben Kategorie am selben Ort auf oder halten wir verschiedene Dinge an verschiedenen Orten? Ist das das beste Argument, das Evolutionisten vorbringen können?

Hier ist ein weiteres Beispiel für ein ähnliches evolutionistisches Argument:

Das bekannteste Beispiel für verschiedene Arten, die ähnliche Rollen einnehmen, betrifft die Beutelsäuger, die heute hauptsächlich in Australien vorkommen (das Virginia-Opossum ist eine bekannte Ausnahme), und die Plazentatiere, die anderswo auf der Welt überwiegen. Die beiden Gruppen zeigen wichtige anatomische Unterschiede, vor allem in ihren Fortpflanzungssystemen (fast alle Beutelsäuger haben Beutel und gebären sehr unreife Jungtiere, während Plazentatiere Plazenten haben, die es den Jungen ermöglichen, in einem weiter entwickelten Zustand geboren zu werden). Dennoch sind sich manche Beutel- und Plazentatiere in anderen Aspekten erstaunlich ähnlich. Es gibt grabende beuteltierartige Maulwürfe, die genauso aussehen und sich genauso verhalten wie plazentale Maulwürfe, beutelartige Mäuse, die plazentalen Mäusen ähneln, den Beutelflieger, der wie ein Flughörnchen von Baum zu Baum gleitet, und beutelartige Ameisenbären, die genau das Gleiche tun wie südamerikanische Ameisenbären. Wieder stellt sich die Frage: Wenn Tiere speziell erschaffen wurden, warum würde der Schöpfer auf verschiedenen Kontinenten grundlegend unterschiedliche Tiere erschaffen, die dennoch gleich aussehen und sich gleich verhalten?[166]

Hier ist eine einfache Antwort auf dieses Argument: Warum sollte Gott nicht grundlegend unterschiedliche Pflanzen oder Tiere, die sich äußerlich ähneln, auf verschiedenen Kontinenten platzieren? Alle diese Argumente beruhen auf der Annahme, dass Gott genauso handeln würde wie Menschen.

Eine wichtige Frage ist: Worauf basiert diese Annahme? Warum sollte Gott wie Menschen handeln? Und selbst wenn Gott wie ein Mensch handeln würde – gibt es nur einen spezifischen Weg, wie Menschen Pflanzen und Tiere organisieren würden, wenn sie die Macht dazu hätten?

Menschen handeln auf viele unterschiedliche Weisen und organisieren Dinge auf viele unterschiedliche Arten. Diese Kreativität zeigt sich in allen Designs, die Menschen entwerfen. Selbst wenn man die Annahme akzeptiert, dass Gott wie ein Mensch handeln würde – nur hypothetisch –, dann ist das Argument dennoch hinfällig, da Menschen auf zahllose verschiedene Arten handeln, gestalten und organisieren. Die Tatsache, dass Evolutionisten auf solche Argumente zurückgreifen müssen, zeigt ihre Verzweiflung. Damit ist das Argument aus Intuition widerlegt. Nun wenden wir uns dem Argument aus erfüllter Vorhersage zu.

Argument aus erfüllter Vorhersage

Die zweite Version des Arguments besagt, dass Tiere und Pflanzen genau dort vorkommen, wo es die Evolutionstheorie vorhersagt. Wenn separate Abstammung wahr ist, könnten sie überall vorkommen, aber wenn gemeinsame Abstammung wahr ist, würden diese Tiere und Pflanzen nur an bestimmten Orten und in bestimmten Zeiträumen vorkommen. Daher liefert die Biogeographie einen starken Beweis für universelle gemeinsame Abstammung. Hier ein Zitat zu diesem Argument:

„Das gleiche Muster von Diversifikation und Migration, das bei den Beutelsäugern zu sehen ist, lässt sich auch bei anderen Gruppen von Pflanzen und Tieren beobachten. Diese Übereinstimmung zwischen biogeographischen und evolutionären Mustern liefert wichtige Beweise für die Kontinuität der Prozesse, die die Evolution und Diversifikation allen Lebens antreiben."[167]

Es stimmt, dass es viele Fälle in der Biogeographie gibt, die mit den Vorhersagen der Evolutionstheorie übereinstimmen, aber es gibt auch zahlreiche Fälle, die evolutionären Vorhersagen direkt widersprechen und massive Probleme für Evolutionisten verursachen. Hier ist eine Liste mit Beispielen, bei denen die Biogeographie den evolutionären Vorhersagen widerspricht. Alle relevanten Quellen aus der etablierten evolutionsbiologischen Literatur finden sich in diesem Artikel[168]:

- Eidechsen, die Südamerika erreichen
- Große Nagetiere (Caviomorpha), die Südamerika erreichen
- Bienen, die Madagaskar erreichen
- Lemuren, die Madagaskar erreichen
- Die Ankunft anderer Säugetiere in Madagaskar, einschließlich Tenrecidae (igelähnliche Insektenfresser), Erdferkel, Flusspferde und Viverridae (katzenartige Raubtiere)
- Ausbreitung von Salamandern über das westliche Mittelmeer
- Ausbreitung bestimmter Eidechsen über das westliche Mittelmeer
- Ursprung bestimmter Eidechsen in Kuba
- Auftreten von Elefantenfossilien auf „vielen Inseln", die angeblich durch Schwimmen dorthin gelangten
- Ausbreitung von Süßwasserfröschen über ozeanische Inselketten
- Bestimmte Frösche, die Madagaskar erreichen
- Besiedlung von Anguilla durch grüne Leguane
- Auftreten bestimmter südamerikanischer Insekten
- Ausbreitung von Chamäleons über den Indischen Ozean

- Ursprung bestimmter Insekten auf karibischen Inseln

- Ursprung der Mantellidenfrösche auf der Insel Mayotte im Komoren-Archipel, obwohl „Amphibien als unfähig gelten, Ozeane zu überqueren, da sie die osmotische Belastung durch Salzwasser nicht vertragen“

- Ausbreitung flugunfähiger Insekten auf die Chatham-Inseln

- Ursprung indigener Geckos in Südamerika

- Ursprung der Krokodil-Verbreitung

- Auftreten von Faultieren in Südamerika

- Ursprung einer Gruppe australischer Nagetiere

- Auftreten von Landsäugetieren auf Mittelmeerinseln (auch hier heißt es, dass „Flusspferde, Elefanten und Riesenhirsche die Inseln durch Schwimmen erreichten“)

- Ursprung verschiedener Landreptilien in Westsamoa

- Vorkommen von Crotalus-Klapperschlangen in Baja California

Dies sind nur einige der vielen Beispiele, in denen die Biogeographie den Vorhersagen der Evolutionstheorie widerspricht. Im nächsten Abschnitt werden wir die wichtigsten ad hoc-Erklärungen besprechen, die von Evolutionisten vorgebracht werden, um dieses massive Problem zu lösen.

Die ad hoc-Erklärung

Die Haupterklärung, die vorgebracht wird, um all jene Fälle zu erklären, in denen die Biogeographie den Vorhersagen der Evolution widerspricht, ist die sogenannte „Rafting-Hypothese". Diese Hypothese besagt, dass all diese Tiere Ozeane überquerten, um verschiedene Kontinente oder Inseln zu erreichen – meist auf Holzflößen. Hier ist ein Zitat, das belegt, dass dies tatsächlich die Reaktion der Evolutionisten ist:

„‚Batrachier (Frösche, Kröten, Molche)', merkte Darwin in ‚Die Entstehung der Arten' an, ‚wurden nie auf irgendeiner der zahlreichen Inseln gefunden, mit denen die großen Ozeane übersät sind.' Er erklärte dieses Fehlen damit, dass Amphibien schnell durch Salzwasser getötet werden und daher kaum erfolgreich Ozeane überqueren könnten. Kein Biogeograph bezweifelt, dass Amphibien und bestimmte andere Organismen (z. B. die meisten Landsäugetiere, flugunfähige Vögel) besonders schlechte ozeanische Dispergierer sind. Einige neuere Studien zeigen jedoch, dass es unsicher ist anzunehmen, solche Organismen könnten niemals neue Gebiete über Ozeanbarrieren hinweg besiedeln.

Ein bemerkenswertes Beispiel betrifft zwei Arten von Mantellidenfröschen auf Mayotte, einer Insel des Komoren-Archipels etwa 300 km westlich von Madagaskar. Man hielt sie zunächst für identisch mit Taxa auf Madagaskar (wo fast alle anderen Mantelliden vorkommen) und nahm an, sie seien eingeführt worden. Doch Morphologie und DNA-Sequenzen zeigen, dass es sich um eigenständige neue Arten handelt und somit um natürliche Endemiten. Da die Komoren vulkanischen Ursprungs sind und nie mit anderen Landmassen verbunden waren, implizieren die Ergebnisse stark, dass sie durch natürliche Überwasser-Dispersal entstanden. Zudem sind die beiden Arten innerhalb der Mantelliden nicht eng miteinander verwandt, was auf zwei unabhängige Dispersionsereignisse hindeutet.

Ein weiterer Fall betrifft Fleischfresser und Lemuren auf Madagaskar – mittelgroße Säugetiere, die als schlechte Ozeanüberquerer gelten. Yoder et al. stellten mittels molekularer

Datierung fest, dass beide Gruppen sich lange nach der Trennung Madagaskars vom afrikanischen Festland von ihren Verwandten abspalteten. Die geschätzten Trennungsdaten stimmen auch nicht mit der angenommenen Existenz einer Landbrücke im Känozoikum überein. Beide Gruppen scheinen Madagaskar also durch ozeanische Dispersal erreicht zu haben, möglicherweise erleichtert durch die Fähigkeit zum Torpor-Zustand.

Weitere Beispiele für unerwartete ozeanische Dispersal umfassen Affen von Afrika nach Südamerika, flugunfähige Insekten von Neuseeland zu den Chatham-Inseln, mehrfache Ausbreitungen von Chamäleons im Indischen Ozean, mehrere Amphibienfälle und – umstrittener – flugunfähige Ratitenvögel nach Neuseeland. Obwohl Darwin offenbar irrte in der Annahme, Amphibien könnten nie Salzwasser überqueren, bestätigen diese Fälle seine generelle Botschaft: Gibt man genug Zeit, können viele unwahrscheinliche Dinge geschehen."[169]

Ein weiteres Zitat zur angeblichen Überfahrt von Tieren auf Flößen von Afrika nach Südamerika:

„Affen waren nicht die einzigen Kolonisten, die Südamerika durch Rafting aus Afrika erreichten. Es stellt sich heraus, dass viele Tiere dasselbe taten: Geckos, Skinke, Schildkröten, die blinden grabenden Reptilien namens Amphisbaeniden und sogar die eigentümlichen Vögel namens Hoatzins. Am beeindruckendsten aber waren die Caviomorphen-Nagetiere."[170]

Ein weiteres Zitat zur Rafting-Hypothese:

„Es gibt auch Fälle des Auftretens isolierter Einwanderer auf Kontinentalmassen. Ein kurioses und relativ wenig beachtetes Beispiel – unter vielen – ist das plötzliche Auftreten in Südamerika von kleinen Verwandten des nordamerikanischen Waschbären. Diese Procyoniden erscheinen als Fossilien im späten Miozän oder frühen Pliozän Argentiniens, definitiv vor dem Eintreffen anderer Karnivoren oder nordamerikanischer Huftiere. Da in diesem Fall zu einem späteren

Zeitpunkt eine Filterbrücke sicher existierte, nimmt man üblicherweise an, die Procyoniden kamen über diese Brücke, und ihr Auftreten markiert den Zeitpunkt, zu dem diese Brücke als praktikabler Migrationsweg diente. Betrachtet man jedoch nur den Zeitpunkt ihres Auftretens, unabhängig von späteren Ereignissen, ist diese Schlussfolgerung nicht gerechtfertigt. Wenn meine bisherigen Bemerkungen über Filterbrücken zutreffen, dann ist es falsch, zu schließen, eine Brücke erkläre das Auftreten dieser einen Gruppe kleiner Karnivoren und keiner anderen Tiere ähnlicher geografischer Herkunft zu dieser Zeit, es sei denn, die Brücke war damals so gut wie unpassierbar.

Der verstorbene W.D. Matthew, wohl der herausragendste und bestinformierte Forscher solcher Probleme, kam zu dem Schluss, dass insulare und stark unausgewogene Faunen wahrscheinlich durch sporadische Transporte von Landtieren auf natürlichen Flößen zu erklären sind – ohne dass eine Landverbindung existiert haben muss (Matthew, 1918, 1939). Diese Ansicht wurde in manchen Kreisen scharf kritisiert. Selbst Anhänger von Matthews allgemeiner These ‚Klima und Evolution' gaben zu, dass diese Art von zufälliger Migration immer dann hervorgeholt werde, wenn es nötig sei, um widersprüchliche Fakten wegzuerklären."[171]

Es gibt sogar Fälle von Dinosauriern, die Ozeane überquert haben sollen. Hier ein Zitat:

„Es ist extrem unwahrscheinlich, dass Dinosaurier Wasser überqueren konnten, um nach Afrika zu gelangen – aber unwahrscheinlich heißt nicht unmöglich. Gibt man genug Zeit, werden unwahrscheinliche Dinge wahrscheinlich. Kauft man jeden Tag ein Lotterielos, wird man mit der Zeit gewinnen. Solche Ozeanüberquerungen mögen einmal-in-einer-Million-Jahre-Ereignisse sein, aber die Kreidezeit dauerte fast 100 Millionen Jahre. In dieser Zeit passiert vieles – einschließlich Dinosaurier, die Meere überqueren." [172]

Ein weiteres Zitat zur Betonung dieser Erklärung:

„Niemand weiß wirklich, wie sie dorthin kamen, aber Wissenschaftler vermuten, dass einige kleine Tiere die Reise übers Meer gemacht haben könnten.

‚Sie könnten auf einem Floß aus Vegetation angekommen sein', sagte Dr. Croft.

‚Das klingt vielleicht wie ein fantastisches Märchen, aber tatsächlich beobachten wir solche Dinge auch heute noch. Es gibt große Holzansammlungen, die während Stürmen aus Flüssen gespült werden, und oft sieht man Säugetiere darauf.

Die Chancen, dass sie die Überfahrt schaffen, sind offensichtlich sehr gering, aber über Millionen von Jahren steigen diese Chancen erheblich.'"[173]

Der Zweck dieser Zitate ist zu zeigen, dass dies tatsächlich die evolutionistische Antwort auf die biogeographischen Probleme ist – und dass selbst Evolutionisten die problematische und unwahrscheinliche Natur dieses Szenarios erkennen. In vielen Fällen haben die Tiere, die diese Reise angeblich unternehmen, einen schnellen Stoffwechsel und benötigen daher eine konstante Nahrungszufuhr. Außerdem kann ein einzelnes Tier sich nicht fortpflanzen – also müsste entweder ein trächtiges Tier oder ein Paar die Reise antreten. Das sind enorme Probleme für dieses Szenario.

Nichtsdestotrotz ist es wichtig anzuerkennen, dass es zwei dokumentierte Fälle gibt, in denen bestimmte Tiere ein paar hundert Meilen Ozean zwischen nahen Küsten überwunden haben: einige winzige Anolis-Echsen[174] und eine einzelne Aldabra-Riesenschildkröte.[175] Doch diese Schildkröte unterscheidet sich deutlich von einem Dinosaurier oder vielen anderen Tieren, die angeblich über Ozeane geraftet sind: Sie kann wie ein Korken treiben, ohne aktiv zu schwimmen, und ist an trockene Lebensräume angepasst – sie kann also lange ohne Wasser auskommen. Die meisten Tiere, die den evolutionären Vorhersagen widersprechen, müssten jedoch über mehr als 1.000 Meilen Ozean reisen, um ihr Ziel zu erreichen.

Die Absurdität und Verzweiflung der evolutionistischen Position zeigt sich deutlich, wenn man sieht, dass sie auf Szenarien zurückgreifen muss, die selbst als extrem unwahrscheinlich erkannt werden – wie die Rafting-Hypothese. Dies offenbart die Täuschung und Unehrlichkeit mancher Evolutionisten, die sogar behaupten, es gebe keine Erwiderung auf das biogeographische Argument.

Ein entscheidender Punkt ist: Entweder ist die Rafting-Hypothese eine rationale und akzeptable Erklärung für die geographische Verteilung der Arten – oder sie ist es nicht.

Nehmen wir an, sie ist rational. Dann können Evolutionisten sie zwar benutzen, um die Fälle zu erklären, die den evolutionären Vorhersagen widersprechen – aber ebenso könnte man sie nutzen, um die Fälle zu erklären, die angeblich mit der Evolution übereinstimmen. Diese müssten dann nicht durch gemeinsame Abstammung erklärt werden, sondern könnten ebenfalls durch Rafting erklärt sein. Wenn das so ist, dann ist das Argument aus der Biogeographie widerlegt.

Nehmen wir hingegen an, die Rafting-Hypothese sei keine rationale Erklärung. Dann ließe sich leicht argumentieren, dass Tiere, die zu Zeiten und an Orten auftreten, die den evolutionären Vorhersagen widersprechen, ein Beweis gegen die universelle gemeinsame Abstammung sind. In diesem Fall würden Evolutionisten erwidern, dass über Millionen Jahre hinweg selbst unwahrscheinlichste Ereignisse eintreten können.

Aber wenn in Millionen Jahren alles Mögliche passieren kann – warum sollten dann nicht auch die Tiere, deren biogeographische Zeit und Lage mit den evolutionären Vorhersagen übereinstimmen, durch Rafting dorthin gelangt sein? Evolutionisten wollen, dass wir die Rafting-Hypothese in einem Fall als rational akzeptieren und im anderen als unglaubwürdig ablehnen. Warum sollten wir das tun?

Unabhängig davon, ob man die Rafting-Hypothese für rational hält oder nicht – das Argument aus der Biogeographie ist damit tot.

Falsifizierbarkeit

Die Rafting- oder Ozean-Dispersal-Hypothese stellt sicher, dass das Argument aus der Biogeographie unmöglich wissenschaftlicher Beweis für Evolution sein kann. Wenn Arten dort sind, wo sie laut Evolutionstheorie sein sollten – gut, passt. Wenn sie aber nicht dort sind – passt auch. Es gibt keinen Weg, dieses Argument zu falsifizieren.

Fossilbericht

Ein weiteres Problem betrifft den Fossilbericht. Die evolutionistische Antwort auf dessen Schwächen lautet: Der Fossilbericht sei unvollständig und lückenhaft und könne daher die Evolution nicht immer abbilden. Doch bei der Biogeographie behaupten sie nun plötzlich, dass der Fossilbericht die evolutionären Vorhersagen stützt.

Wenn Evolutionisten sagen, dass der Fossilbericht die Vorhersagen nicht erfüllt, weil er unvollständig ist, können wir dasselbe sagen: Die Biogeographie stimmt nur in einigen Fällen mit der Evolution überein, weil viele Fossilien fehlen, die ihr widersprechen würden. Entweder ist diese Antwort legitim oder sie ist es nicht. So oder so, in beiden Argumenten – wenn nicht sogar in beiden zugleich – steckt ein gewaltiges Problem für die Evolutionstheorie.

Fazit

Dies ist eines der am häufigsten vorgebrachten Argumente für die Evolution, das als klarer Beweis präsentiert wird. Doch die Realität ist, dass die Biogeographie in zahlreichen Fällen den Vorhersagen der Evolution widerspricht – und Evolutionisten auf verzweifelte Behauptungen wie die „Rafting-Hypothese“ zurückgreifen müssen, um ihren Glauben an die Evolution zu verteidigen.

Embryologie

Embryologie ist die Lehre von der Entwicklung eines Embryos vom Zeitpunkt der Befruchtung der Eizelle bis zum fetalen Stadium. Die Zellkugel, die sich nach der Befruchtung durch Teilung bildet, wird acht Wochen lang als „Embryo" bezeichnet; ab der neunten Woche nach der Befruchtung spricht man vom „Fötus".[176] Evolutionisten behaupten häufig, dass die Embryologie massive Beweise für die Evolution liefert. Tatsächlich war laut Darwin zu seiner Zeit die Embryologie das stärkste einzelne Beweisstück für die Evolution. Hier ein Zitat von Darwin:

„Es ist merkwürdig, wie jeder, wie ich annehme, Argumente auf unterschiedliche Weise gewichtet: Für mich ist die Embryologie bei weitem die stärkste einzelne Klasse von Fakten zugunsten der Veränderung von Formen, und ich glaube nicht, dass einer meiner Rezensenten darauf hingewiesen hat. Die Tatsache, dass Variation nicht sehr früh auftritt und auch nicht sehr früh vererbt wird, erklärt meines Erachtens das großartigste aller Fakten in der Naturgeschichte oder besser gesagt in der Zoologie, nämlich die Ähnlichkeit von Embryonen."[177]

Es gibt zwei evolutionistische Argumente, die sich auf die Embryologie stützen. Es gibt das alte Argument, das von Darwin und Evolutionisten während eines Großteils ihrer Geschichte verwendet wurde, und es gibt die neue Version dieses Arguments, die aufgrund der massiven Probleme mit dem alten Argument entwickelt wurde. Wir werden beide Versionen getrennt voneinander betrachten.

Das alte Argument

Für die ältere Version dieses Arguments gab es zwei Begründungen. Die erste Begründung war, dass die Embryonen sehr unterschiedlicher Lebensformen – insbesondere verschiedener Wirbeltiere wie

Säugetiere, Vögel und Reptilien – sich angeblich stark ähneln. Hier ein Zitat von Darwin zu diesem Punkt:

„Es wurde bereits festgestellt, dass verschiedene Teile desselben Individuums, die in einem frühen embryonalen Stadium exakt gleich sind, später sehr unterschiedlich werden und völlig unterschiedliche Funktionen im Erwachsenenstadium übernehmen. Ebenso wurde gezeigt, dass die Embryonen der verschiedensten Arten derselben Klasse sich im Allgemeinen stark ähneln, im ausgewachsenen Zustand jedoch sehr verschieden werden. Ein besserer Beweis für diesen Sachverhalt kann nicht erbracht werden als die Aussage von Von Baer, dass ‚die Embryonen von Säugetieren, Vögeln, Eidechsen und Schlangen, wahrscheinlich auch der Schildkröten, in ihren frühesten Stadien einander äußerst ähnlich sind – sowohl im Ganzen als auch in der Art und Weise der Entwicklung ihrer Teile; so sehr, dass man sie oft nur an ihrer Größe unterscheiden kann. In meinem Besitz befinden sich zwei kleine Embryonen in Spiritus, deren Namen ich vergessen habe, und ich bin derzeit völlig außerstande zu sagen, zu welcher Klasse sie gehören. Es könnten Eidechsen, kleine Vögel oder sehr junge Säugetiere sein – so vollständig ist die Ähnlichkeit in der Formung von Kopf und Rumpf dieser Tiere.'"[178]

Wichtig ist: Dies ist lediglich ein Argument für die universelle gemeinsame Abstammung. Es kann niemals beweisen, dass das Leben durch ungesteuerte und blinde physikalische Prozesse entstanden ist. Ein weiterer wichtiger Punkt: Die Logik dieses Arguments ist identisch mit der Logik aller Argumente für gemeinsame Abstammung. Sie lautet: Diese Ähnlichkeiten können nicht zufällig entstanden sein, also müssen sie durch gemeinsame Abstammung erklärt werden. Die Probleme dieser Argumentation wurden in diesem Buch mehrfach behandelt – und das Konzept eines gemeinsamen Designs ist selbst nach evolutionistischen Maßstäben (z.B. Ockhams Rasiermesser) die bessere Erklärung. Die Logik dieses Arguments ist also wertlos.

Ein weiteres wichtiges Argument zur Unterstützung dieser Theorie war der berühmte Satz: „Ontogenese rekapituliert Phylogenese." Das bedeutet, dass die embryonale Entwicklung verschiedener Tierarten ihre evolutionäre Geschichte widerspiegle. Dieses Argument wird auf zwei Arten vorgebracht: Entweder heißt es, dass die Embryonen späterer Tiere den Formen früherer Tiere in der Evolutionsgeschichte ähneln, oder dass die Embryonen späterer Tiere den Embryonen früherer Tiere ähneln. Hier einige Zitate:

„Zum Beispiel beginnen alle Wirbeltiere ihre Entwicklung auf die gleiche Weise – sie sehen einem embryonalen Fisch ähnlich. Während sich die Entwicklung fortsetzt, beginnen sich die Arten zu unterscheiden – auf seltsame Weise. Einige Blutgefäße, Nerven und Organe, die zu Beginn bei allen Arten vorhanden sind, verschwinden plötzlich, während andere sich merkwürdig verformen oder wandern. Schließlich endet der Entwicklungstanz in sehr unterschiedlichen Erwachsenenformen von Fischen, Reptilien, Vögeln, Amphibien und Säugetieren. Dennoch sehen sie zu Beginn der Entwicklung sehr ähnlich aus...

Unsere Blutgefäße machen besonders merkwürdige Dinge. Bei Fischen und Haien entwickelt sich das embryonale Gefäßmuster fast unverändert zum erwachsenen System. Bei anderen Wirbeltieren verändern sich die Gefäße, und einige verschwinden. Säugetiere wie wir behalten nur drei Hauptgefäße von ursprünglich sechs. Das Merkwürdige daran ist, dass die Veränderungen in unserer Entwicklung einer evolutionären Abfolge ähneln. Unser fischartiges Kreislaufsystem wird zu einem, das dem von embryonalen Amphibien ähnelt. Bei Amphibien verwandeln sich diese direkt ins adulte System. Unser System verändert sich weiter, wird dem von embryonalen Reptilien ähnlich – und daraus entwickelt sich schließlich das vollständige Säugetier-Kreislaufsystem mit Halsschlagader, Lungenschlagader und Rückenschlagader.

Diese Muster werfen viele Fragen auf. Warum beginnen unterschiedliche Wirbeltiere ihre Entwicklung in Form eines Fisch-Embryos, obwohl sie am Ende völlig anders aussehen? Warum bilden Säugetiere ihren Kopf und ihr Gesicht aus denselben embryonalen Strukturen, die bei Fischen zu Kiemen werden? Warum durchlaufen Wirbeltierembryonen so viele Umwege im Kreislaufsystem? Warum beginnen Embryonen von Menschen oder Eidechsen nicht direkt mit dem Erwachsenen-Kreislaufsystem, statt alte Strukturen aufzubauen und sie dann umzuwandeln? Und warum ahmt unsere Entwicklung die Reihenfolge unserer angeblichen Vorfahren nach (Fisch → Amphibie → Reptil → Säugetier)? Wie Darwin in der Entstehung der Arten argumentierte, liegt das nicht daran, dass menschliche Embryonen während ihrer Entwicklung eine Reihe von Umwelten durchlaufen, an die sie sich anpassen müssten – erst eine fischähnliche, dann eine reptilienähnliche usw."[179]

„Einige der stärksten anatomischen Beweise für die Evolution stammen aus dem Vergleich der Entwicklung von Organismen. Die Embryonen verschiedener Wirbeltierarten ähneln sich anfangs oft, werden aber im Laufe der Entwicklung immer unterschiedlicher."[180]

„Die frühen Entwicklungsstadien vieler Tiere mit Wirbelsäule (Wirbeltiere) sehen sich sehr ähnlich", und diese Ähnlichkeiten liefern „Beweise dafür, dass Organismen von einem gemeinsamen Vorfahren abstammen."[181]

Es gibt mehrere Probleme mit diesem Argument. Erstens basiert es weiterhin auf dem Grundgedanken, dass Ähnlichkeiten gemeinsame Abstammung beweisen. Auch wenn es komplizierter erscheint – die Kernaussage ist immer noch dieselbe. Und diese Logik ist problematisch, wie schon mehrfach erläutert wurde, selbst nach evolutionistischen Prinzipien wie dem Sparsamkeitsprinzip (Ockhams Rasiermesser).

Ein weiteres Problem: Das Argument beruht auf subjektiven Intuitionen darüber, wie sich Embryonen entwickeln „sollten", wenn sie designt wären. Woher wollen Evolutionisten wissen, wie Embryonen aussehen sollten, wenn sie gestaltet wurden? Gibt es einen universellen Weg, wie alle Menschen Embryonen designen würden? Oder gibt es unzählige Möglichkeiten, weil Menschen unterschiedliche Stile und Vorstellungen vom Design haben? Die Antwort liegt auf der Hand.

Das macht die Logik dieses Arguments äußerst schwach. Selbst wenn man zu Argumentationszwecken zugesteht, dass gemeinsame Abstammung intuitiv erscheint, wenn die Embryonen tatsächlich so wären – sind Intuitionen überhaupt ein Beweis? Evolutionisten und Atheisten müssen sich auf eine einheitliche Antwort zu dieser Frage einigen. Man kann Intuitionen nicht als Beweis anführen, wenn es passt, und sie ablehnen, wenn sie unbequem sind.

Das sind die logischen Probleme mit diesem Argument – aber die wissenschaftlichen sind noch gravierender. Das Hauptproblem: Das Argument basiert auf einer Lüge. Embryonen sehen sich in frühen Stadien gar nicht ähnlich, sondern unterscheiden sich erheblich voneinander. Diese Behauptungen beruhen auf den berühmten Zeichnungen von Ernst Haeckel.

Hier liegt das größte Problem: Diese Zeichnungen sind gefälscht. Haeckels Zeitgenossen warfen ihm Fälschung vor, und seine Zeichnungen sind seit Langem als Betrug entlarvt – trotzdem wurden sie von Evolutionisten über ein Jahrhundert lang als Beweis für Evolution präsentiert. Hier einige Zitate zur Bestätigung dieser Fälschung – selbst von Evolutionisten:

„Unsere Untersuchung untergräbt die Glaubwürdigkeit von Haeckels Zeichnungen erheblich, die nicht ein konserviertes Stadium bei Wirbeltieren zeigen, sondern ein stilisiertes Amnion-Embryo."[182]

„Es sieht so aus, als handele es sich um eine der berühmtesten Fälschungen in der Biologie."[183]

Im Jahr 2000 schrieb Stephen Jay Gould, wir sollten alle „erstaunt und beschämt sein über ein Jahrhundert geistloser Wiederverwertung, das zur Verbreitung dieser Zeichnungen in einer großen Anzahl, wenn nicht der Mehrheit moderner Lehrbücher geführt hat."[184]

Das alte Argument ist also widerlegt. Jetzt analysieren wir die neue Version dieses Arguments.

Das neue Argument

Da das alte Argument der Evolutionisten so kläglich gescheitert ist, haben sie ein neues Argument aus der Embryologie hervorgebracht. Hier ist das neue Argument: Es besagt, dass die Embryonen verschiedener Tierarten sowohl am Anfang als auch am Ende ihrer Entwicklung sehr unterschiedlich sind, es jedoch eine kurze Phase in der Mitte gibt, in der die Embryonen einander etwas ähneln. Ich denke, es ist offensichtlich, dass dieses Argument viel schwächer ist als das erste.

Die Logik dahinter ist rein: Ähnlichkeit bedeutet gemeinsame Abstammung. Es gibt zahlreiche Probleme mit dieser Annahme, die wir bereits früher behandelt haben. Diese Ähnlichkeiten lassen sich besser durch gemeinsames Design und nicht durch gemeinsame Abstammung erklären. Aber es gibt noch etwas Wichtiges zu beachten: Warum können diese Ähnlichkeiten zwischen Wirbeltierembryonen oder ähnlichen Tierarten nicht einfach darauf zurückzuführen sein, dass diese Tiere zu einer bestimmten Gruppe gehören? Das würde bedeuten, dass Wirbeltierembryonen sich sehr ähneln, weil sie eben Embryonen von Wirbeltieren sind. Was ist daran unplausibel oder irrational? Dieses Argument für die Evolution ist tot. Nun werde ich die Wissenschaft hinter diesem Argument und das Problem für Evolutionisten besprechen. Hier ist ein Zitat von Evolutionisten zu diesem Argument:

Ein umfassenderer Blick auf die Entwicklung der Wirbeltiere. Die frühen Entwicklungsstadien von Salamander, Huhn und Mensch sind genauso unterschiedlich wie die späteren Stadien, aber das phylotypische Stadium ist ähnlich.[185]

Hier ist ein Zitat des bekannten Evolutionisten PZ Myers aus seinem eigenen Blog:

„Wirbeltierembryonen im phylotypischen oder Pharyngula-Stadium zeigen deutliche Ähnlichkeiten zueinander, was ein Beweis für gemeinsame Abstammung ist. Das ist einfach eine Tatsache."[186]

Beachte zwei Dinge: Jede einzelne Quelle, die ich bisher in diesem Kapitel genannt habe und noch nennen werde, stammt von einem etablierten evolutionären Biologen. Zweitens: Schau dir das Erscheinungsdatum dieser Quellen an, um zu erkennen, ob die Evolutionisten lügen oder sich einfach irren. Leute wie Myers verbreiten einfach Lügen, und du musst mir in dieser Sache nicht glauben. Jetzt werde ich viele Quellen von etablierten evolutionären Biologen anführen, die diskutieren, ob es dieses phylotypische Stadium tatsächlich gibt oder nicht.

Hier ist die erste Quelle, die aus einer umfassenden Studie zu diesem Thema stammt, verfasst von mehreren evolutionären Biologen. Diese Autoren weisen auch darauf hin, dass Evolutionisten meist einfach annehmen, dass es ein solches Stadium gibt, ohne jegliche Beweise dafür zu liefern:

„Ein rätselhafter Aspekt der Debatte in diesem Bereich ist, dass zwar viele Autoren von einem konservierten embryonalen Stadium geschrieben haben, aber niemand vergleichende Daten zur Unterstützung dieser Idee zitiert hat. Es ist fast so, als ob das phylotypische Stadium als biologisches Konzept betrachtet wird, für das kein Beweis nötig ist. Dies hat zu vielen Problemen geführt, unter anderem dem Mangel an Konsens darüber, welches Stadium genau konserviert ist (Richardson 1995). Das phylotypische Stadium bei Wirbeltieren wurde als Pharyngula-Stadium definiert, benannt nach den Reihen der Kiemenbögen, die in Embryonen sichtbar sind (Ballard 1981).“[187]

Hier ist ein Zitat aus dem Fazit dieser Studie:

„Haeckel stellte das Kiemenapparat so dar, als sei er in allen Arten in seinem Stadium 1 (obere Reihe von Abb. 2) praktisch identisch. Unsere Beobachtungen stützen diese Darstellung nicht. In Abb. 10 zeigen wir Details des Kiemenapparats, die anhand von Fotos ursprünglicher Exemplare neu gezeichnet wurden. Wie man sieht, variiert der Kiemenbereich erheblich zwischen den Kladen. Im Gegensatz zum Modell der evolutionären Sanduhr werden Unterschiede im Körperbau des Erwachsenen oft schon in frühen Entwicklungsphasen angedeutet. Ein gutes Beispiel ist das System der Aortenbögen bei der Ratte, das bereits im Pharyngula-Stadium beginnt, das arterielle Muster des Erwachsenen zu zeigen. So ist der erste Bogen bereits im 25-Somiten-Stadium der Ratte vollständig zurückgebildet (de Ruiter et al. 1989). Zusammenfassend hat die Evolution eine Reihe von Veränderungen in den embryonalen Stadien der Wirbeltiere hervorgebracht, darunter:

- Unterschiede in der Körpergröße
- Unterschiede im Körperbau (z. B. Vorhandensein oder Fehlen von Gliedmaßenknospen)
- Veränderungen in der Anzahl sich wiederholender Strukturen wie Somiten und Kiemenbögen
- Veränderungen im Wachstumsmuster verschiedener Bereiche (Allometrie)
- Veränderungen im zeitlichen Ablauf der Entwicklung verschiedener Bereiche (Heterochronie)

Diese Modifikationen der Embryonalentwicklung lassen sich nur schwer mit der Vorstellung vereinbaren, dass die meisten oder alle Wirbeltierkladen ein embryonales Stadium durchlaufen, das besonders resistent gegenüber evolutionären Veränderungen ist. Diese Vorstellung ist implizit in Haeckels Zeichnungen enthalten, die zwei unterschiedliche Behauptungen stützen sollten: Erstens, dass Unterschiede zwischen Arten typischerweise in späteren Stadien deutlicher werden. Zweitens, dass Wirbeltierembryonen in frühen Stadien nahezu identisch seien. Die erste Behauptung ist eindeutig richtig. Unsere Untersuchung jedoch stützt die zweite Behauptung nicht, sondern zeigt erhebliche Variabilität – und evolutionäre Veränderbarkeit – im Schwanzknospenstadium, dem angeblichen phylotypischen Stadium der Wirbeltiere. Wir schlagen vor, dass nicht alle Entwicklungsvorgänge durch konservierte Entwicklungsmechanismen wie den Zootyp stark eingeschränkt sind. Embryonale Stadien könnten Schlüsselziele makroevolutionärer Veränderungen sein.“[188]

Diese Quelle ist also eine eindeutige Widerlegung der Behauptung, dass es ein phylotypisches oder Pharyngula-Stadium gibt, in dem die Embryonen aller verschiedenen Tiere sich stark ähneln. Hier ist eine weitere Quelle, die diese Tatsache ebenfalls bestätigt:

„Viele Theorien über Entwicklungsmuster, Entwicklungs-Module, Entwicklungsmechanismen einschließlich Entwicklungsintegration und die Wirkung der natürlichen Selektion auf embryonale Stadien wurden unter Bezug auf das phylotypische Stadium vorgeschlagen. Dennoch wurde das phylotypische Stadium nie genau definiert oder eindeutig durch vergleichende quantitative Daten bestätigt oder widerlegt. Wir testeten die Vorhersagen der Definition der 'Entwicklungssanduhr' des phylotypischen Stadiums quantitativ, indem wir die Variation im zeitlichen Ablauf der Entwicklung bei Wirbeltieren insgesamt und innerhalb der Säugetiere untersuchten. Für beide Datensätze zeigten die Ergebnisse mit zwei verschiedenen

Metriken das Gegenteil der Vorhersage: Die phänotypische Variation zwischen Arten war in der Mitte der Entwicklungssequenz am größten. Dieses überraschend hohe Maß an Unabhängigkeit der Entwicklungsmerkmale spricht gegen die Existenz eines phylotypischen Stadiums bei Wirbeltieren."[189]

Beide Versionen dieses verbreiteten und populären Arguments für die Evolution wurden widerlegt. Es gibt schlichtweg keinen Ausweg aus dieser Tatsache. Und wenn du herausfinden willst, ob Evolutionisten, die Argumente für die Evolution basierend auf der Embryologie bringen, lügen oder nicht, dann schau dir den Zeitpunkt ihrer Zitate an und vergleiche ihn mit dem Zeitpunkt der Zitate der evolutionären Biologen, die zeigen, dass es kaum Ähnlichkeiten gibt und dass das sogenannte phylotypische Stadium nicht existiert.

Falsifikation

Es scheint ziemlich klar, dass dieses Argument für die Evolution widerlegt wurde, aber Evolutionisten wollen diese Tatsache nicht akzeptieren und erfinden daher ad-hoc-Erklärungen. Hier ist eine Antwort von PZ Myers, der bereits früher zitiert wurde:

„Ich wünschte, ich könnte diesen Leuten diesen einen Gedanken einhämmern: Die Evolutionstheorie sagt Unterschiede ebenso wie Ähnlichkeiten voraus. Einen Unterschied zwischen zwei Arten zu finden, erschüttert uns nicht in unseren Grundfesten, als ob so etwas unmöglich wäre."[190]

Hier liegt das Problem mit dieser Antwort: Die Evolutionstheorie hat bestimmte Ähnlichkeiten vorhergesagt, die sich nun als nicht existent herausgestellt haben. Das widerlegt dieses Argument für die Evolution. Die Antwort lautet, dass diese massiven Unterschiede ebenfalls mit der Evolution vereinbar seien. Das Problem dabei ist: Wenn sowohl Ähnlichkeiten als auch Unterschiede von der Evolution vorhergesagt werden, was ist dann eigentlich nicht mit der Evolution vereinbar? Es gibt nur zwei Arten von Dingen – Ähnlichkeiten und Unterschiede. Es gibt keine dritte Möglichkeit. Die Tatsache ist: Es gibt keinen Weg, dieses Argument zu falsifizieren, wenn wir Leuten wie Myers zustimmen. In jedem Fall wurde dieses Argument widerlegt.

Fazit

Es ist klar, dass dieses verbreitete und gängige Argument für die Evolution nun tot und entkräftet ist. Die Quellen von Evolutionisten zeigen eindeutig ihre Unehrlichkeit und Täuschung.

Rudimentäre Organe, Junk-DNA und Pseudogene

Dies sind drei unterschiedliche, aber verwandte Argumente, die auf ähnlicher Logik basieren. Es handelt sich um eine Art von „schlechtes Design"-Argumenten. Auf andere Arten solcher Argumente werden wir in einem zukünftigen Buch eingehen. Die Argumente in diesem Kapitel beruhen auf der gemeinsamen Annahme, dass Gott oder ein intelligenter Designer nichts Nutzloses oder Zweckfreies erschaffen würde.

Rudimentäre Organe sind angeblich Körperteile, die in einer Vorfahrenart eine Funktion hatten, aber heute keine mehr besitzen. Junk-DNA sind Abschnitte der DNA, die nicht zur Bildung von Proteinen beitragen. Daher nahm man an, dass es sich um funktionslose DNA handelt. Ein Pseudogen ist ein DNA-Abschnitt, der strukturell einem Gen ähnelt, aber nicht in der Lage ist, ein Protein zu kodieren. Pseudogene stammen meist von Genen ab, die durch im Laufe der Evolution aufgetretene Mutationen ihre Funktion verloren haben.

Dieses Argument ist wahrscheinlich eines der häufigsten Argumente, das von Evolutionisten in den letzten 150 Jahren vorgebracht wurde. Im Gegensatz zu den meisten anderen Argumenten wird es sowohl verwendet, um das Entstehen des Lebens durch blinde, ungesteuerte Prozesse zu erklären, als auch zur Unterstützung der Theorie der universellen gemeinsamen Abstammung. Die Argumentation für die gemeinsame Abstammung lautet, dass ähnliche funktionslose Strukturen bei verschiedenen Tierarten nicht auf gemeinsames Design zurückzuführen sein können, sondern nur auf gemeinsame Abstammung.

In diesem Kapitel werde ich diese drei Argumente als ein einziges Argument behandeln, da ihnen die gleiche Grundlogik zugrunde liegt.

Ich werde jedoch viele Quellen und Beispiele anführen, die meine Argumentation in Bezug auf alle drei Punkte unterstützen. Zuerst einige Zitate von Evolutionisten zu diesem Argument, gefolgt von einer Analyse der dahinterstehenden Logik und Wissenschaft:

„Darüber hinaus gibt es nicht-funktionale Gene, sogenannte Pseudogene, die über Generationen und Arten hinweg weitergegeben werden. Sie können als einzigartige historische Marker in den Genen dienen, die anzeigen, wie verschiedene Tiere durch eine biologische Linie miteinander verbunden sind (Finlay 2013, 132–193; Futuyma und Kirkpatrick 2017, 345–367). Menschen und Schimpansen tragen sehr ähnliche Pseudogene, was die Annahme eines gemeinsamen Vorfahren weiter untermauert (Zhang 2014). Somit gibt es bedeutende genetische Beweise für die Evolution."[191]

„Der Mensch ist voller nutzloser rudimentärer Strukturen – ein eindeutiges Zeichen unserer evolutionären Abstammung."[192]

„Alles Leben trägt die Narben seiner Geschichte – auch der Mensch. Unsere lästigen Weisheitszähne und der Blinddarm sind bloße Überbleibsel der Geschichte, die die Evolution noch nicht losgeworden ist."[193]

Es scheint, dass die Menge an DNA in Organismen größer ist, als für ihren Aufbau notwendig wäre: Ein großer Teil der DNA wird nie in Protein übersetzt. Aus Sicht des einzelnen Organismus scheint das paradox zu sein. Wenn der „Zweck" der DNA darin besteht, Körper zu bauen, ist es überraschend, eine große Menge DNA zu finden, die das nicht tut. Biologen zerbrechen sich den Kopf darüber, welche nützliche Funktion diese scheinbar überflüssige DNA haben könnte. Aus Sicht der „egoistischen Gene" gibt es jedoch kein Paradox. Der wahre „Zweck" der DNA ist es, zu überleben – nicht mehr und nicht weniger. Die einfachste Erklärung für die überschüssige DNA ist, dass sie ein Parasit ist oder im besten Fall ein harmloser, aber nutzloser Mitfahrer, der sich von den anderen Genen in den Überlebensmaschinen mittragen lässt.[194]

Tatsächlich ist das menschliche Genom übersät mit Pseudogenen, Genfragmenten, „verwaisten" Genen, „Junk"-DNA und unzähligen Wiederholungen sinnloser DNA-Sequenzen, was sich kaum mit intelligentem Design vereinbaren lässt. Wenn die DNA eines Menschen oder eines anderen Organismus wie ein sorgfältig konzipiertes Computerprogramm aussehen würde – mit klar angeordneten, logisch strukturierten Modulen, die jeweils eine spezifische Funktion erfüllen – wäre der Beweis für intelligentes Design überwältigend. Tatsächlich ähnelt das Genom eher einem Flickwerk aus entliehenen, kopierten, mutierten und verworfenen Sequenzen und Befehlen, das im Laufe von Millionen Jahren durch Versuch und Irrtum unter dem unerbittlichen Test des Überlebens zusammengesetzt wurde. Es funktioniert – und zwar hervorragend –, nicht wegen intelligenten Designs, sondern wegen der großen, blinden Kraft der natürlichen Selektion, zu innovieren, zu testen und das zu verwerfen, was versagt, zugunsten dessen, was erfolgreich ist. Die heute lebenden Organismen, uns selbst eingeschlossen, sind die großen Erfolge der Evolution.[195]

„Wenn man Genome entwerfen würde, würde man sie sicher nicht mit Junk füllen... das auffälligste Merkmal der Genomanalysen, die wir jetzt haben, ist, wie viel anscheinend nicht-funktionale DNA darin enthalten ist... Aus darwinistischer Sicht ist das alles erklärbar."[196]

Diese Argumentationslinie geht auf Darwin selbst zurück:

„Im Sinne der Abstammung mit Modifikation können wir schließen, dass das Vorhandensein von rudimentären, unvollkommenen und nutzlosen oder ganz verkümmerten Organen, weit davon entfernt, ein merkwürdiges Problem darzustellen – wie es dies bei der gewöhnlichen Schöpfungslehre sicherlich tut – sogar zu erwarten gewesen wäre und sich durch die Gesetze der Vererbung erklären lässt."[197]

Logik des Arguments:

Dieses Argument hat enorme logische und wissenschaftliche Probleme. Zuerst werde ich die Logik hinter diesen Argumenten erläutern und später auf die wissenschaftlichen Probleme sowie einige konkrete Beispiele eingehen. Zunächst ist zu beachten, dass dieses Argument auf der Intuition beruht, dass ein intelligenter Designer keine nutzlosen oder zwecklosen Dinge erschaffen würde. Das ist eine Intuition.

Es gibt keine Möglichkeit, dies zu beweisen oder zu widerlegen. Es ist lediglich ein instinktives Gefühl. Die Probleme für Evolutionisten, die sich auf Intuitionen stützen, wurden in diesem Buch bereits mehrfach besprochen. Wenn Intuitionen, die Design-Argumente unterstützen, kein Beweis sind, dann sind Intuitionen, die evolutionistische Argumente stützen, ebenfalls kein Beweis. Das ist das erste Problem, aber es gibt noch weitaus größere Probleme mit diesem Argument.

Das zweite Problem ist, dass dieses Argument denselben Fehlschluss enthält wie der „God of the Gaps"-Fehlschluss, den Evolutionisten den Design-Befürwortern ständig vorwerfen. Ich habe diesen Fehlschluss im zweiten Kapitel dieses Buches besprochen. Der Fehlschluss verläuft wie folgt: Wir kennen keine physikalische Erklärung für ein bestimmtes Phänomen in unserem Universum. Daher gibt es keine physikalische Erklärung für dieses Phänomen. Daher hat Gott es getan.

Die Probleme mit diesem Fehlschluss sind offensichtlich. Angenommen, wir kennen keine physikalische Erklärung für ein bestimmtes Phänomen. Daraus folgt nicht, dass es keine physikalische Erklärung dafür gibt. Und selbst wenn es keine physikalische Erklärung gäbe, folgt daraus nicht notwendigerweise, dass Gott es getan hat. Evolutionisten beschuldigen Design-Befürworter ständig dieses

Fehlschlusses. Nun werde ich zeigen, dass das häufigste evolutionistische Argument genau auf diesem Fehlschluss basiert.

Wir kennen die Funktion oder den Zweck eines DNA-Abschnitts, eines Pseudogens oder eines Organs nicht. Daher hat dieses Ding keinen Zweck. Daher ist es nutzlos oder funktionslos. Dieses beliebte und wichtige evolutionistische Argument, das seit Darwin bis heute verwendet wird, basiert auf demselben Fehlschluss wie der „God of the Gaps". Die Heuchelei und die Doppelmoral der Evolutionisten sind wirklich erstaunlich. Die Tatsache, dass wir die Funktion von etwas nicht kennen, rechtfertigt nicht die Annahme, dass es keine Funktion hat.

Es gibt ein ergänzendes Argument zur Rechtfertigung dieses Arguments. Es besagt, dass, wenn man ein angeblich rudimentäres Organ entfernt und der Körper weiterhin normal funktioniert, man weiß, dass das Organ funktionslos ist. Dieses Argument funktioniert aus zwei Gründen nicht. Erstens folgt aus der Tatsache, dass ein Organ nicht ständig arbeitet oder seine Entfernung keine unmittelbaren Auswirkungen hat, nicht, dass es funktionslos ist. Zweitens – wie wir später in diesem Kapitel sehen werden – wurde der menschliche Blinddarm lange Zeit als rudimentäres Organ angesehen und wird regelmäßig entfernt, aber heute wissen wir, dass er wichtige Funktionen erfüllt. Auch dieses Argument ist also widerlegt.

Die oben genannten logischen Probleme sind nicht die einzigen logischen Schwächen dieses Arguments. Es gibt ein weiteres Problem: Es setzt Lebewesen mit unbelebten Objekten gleich, die sich nicht verändern – wie eine Uhr oder ein Fernseher. Menschen, die eine Uhr oder einen Fernseher entwerfen, werden wahrscheinlich keine nutzlosen oder funktionslosen Komponenten hinzufügen. Aber Tiere und Pflanzen sind nicht mit Uhren oder Fernsehern vergleichbar.

Sie ähneln vielmehr Gebäuden. Angenommen, ein Architekt entwirft ein Gebäude mit zehn Stockwerken, und jedes Stockwerk hat viele Räume. Anfangs sind alle Räume belegt, doch im Laufe der Zeit werden einige Räume leer – weil Personen entlassen, verlegt oder verstorben sind. Nun gibt es Bereiche des Gebäudes, die vorübergehend nicht genutzt werden. Bedeutet das, dass das Gebäude nicht entworfen wurde?

Ein weiterer Punkt: Viele dieser Räume werden später von anderen Personen bezogen oder anderweitig genutzt. Oder es könnte sein, dass der Architekt von Anfang an zusätzliche Räume hinzugefügt hat, die zum Zeitpunkt des Entwurfs keine Funktion hatten, aber später eine Funktion erhalten sollten. Zusätzliche Räume einzubauen, die später genutzt werden können oder multifunktional sind, erscheint wie eine gute Designentscheidung – nicht wie eine schlechte.

Die Analogie, die ich gerade beschrieben habe, ist genau das, was mit Junk-DNA, rudimentären Organen und Pseudogenen geschehen ist – sogar laut den evolutionären Biologen selbst. Viele von ihnen hatten ursprünglich eine bestimmte Funktion, erfüllen jetzt jedoch eine andere, die inzwischen identifiziert wurde. Wenn das der Fall ist – und ich werde zahlreiche Beispiele anführen, die dies zeigen – dann gibt es hier kein Argument gegen die Annahme, dass das Leben durch Design entstanden ist.

Ein weiteres Problem mit diesem Argument besteht in der Annahme der Evolutionisten, dass alles in unserem Körper eine Funktion haben muss, die uns beim Überleben und bei der Fortpflanzung hilft. Doch das muss nicht der Fall sein. Warum sollten manche Dinge nicht auch aus ästhetischen Gründen in unserem Körper vorhanden sein oder aus ähnlichen Gründen? Das bedeutet nicht unbedingt, dass diese Dinge da sind, weil sie schön sind.

Es könnte auch sein, dass diese Dinge dazu dienen, bestimmten Lebewesen oder Gruppen von Lebewesen ein einheitliches Aussehen zu geben. Nur als Beispiel: Angenommen, männliche Brustwarzen wären vollkommen funktionslos und wir könnten beweisen, dass sie funktionslos sind – wäre das ein Zeichen für schlechtes Design? Nein.

Es könnte einfach sein, dass Gott oder der intelligente Designer wollte, dass Männer und Frauen ähnlich aussehen.

Daran ist nichts Ungewöhnliches oder Unlogisches. Das passiert ständig. Viele Schulen zum Beispiel wollen, dass alle Schüler dieselbe Uniform tragen, damit sie einheitlich aussehen. All dies ist ein hypothetisches Szenario. Tatsächlich wissen wir, dass männliche Brustwarzen ein stimulierendes Organ sind.[198]

Ein weiterer Punkt, den man bedenken sollte, ist, dass ein Großteil dieser Diskussion darauf basiert, wie ein Designer oder Gott handeln würde. Alle diese Argumente beruhen auf subjektiven Intuitionen, die unmöglich als Beweis akzeptiert werden können – ein weiteres gewaltiges Problem für dieses Argument. Man sollte sich klar machen: Ich bin noch gar nicht auf die wissenschaftlichen Probleme mit dem Argument über Junk-DNA und rudimentäre Organe eingegangen, und schon ist es entkräftet. So schwach ist dieses Argument. Jetzt werde ich die wissenschaftlichen Probleme mit diesem Argument behandeln.

Wissenschaft hinter dem Argument

Die traditionelle Sichtweise der Evolutionisten zu diesem Argument ist klar aus den früher in diesem Kapitel angeführten Zitaten ersichtlich. Diese Dinge galten lange Zeit als nutzlos und funktionslos. Im Laufe der Jahre haben Wissenschaftler jedoch immer mehr Funktionen für rudimentäre Organe entdeckt. Hier ein Zitat dazu:

„Rudimentäre Organe waren lange Zeit eine Quelle der Verwirrung und des Ärgernisses für Ärzte – und der Faszination für den Rest von uns. Im Jahr 1893 erstellte ein deutscher Anatom namens Robert Wiedersheim eine Liste von 86 menschlichen 'Überresten', Organen, die 'früher eine größere physiologische Bedeutung hatten als heute'. Im Laufe der Jahre wuchs die Liste, schrumpfte dann wieder. Heute erinnert sich niemand mehr an die genaue Zahl. Es wurde sogar vorgeschlagen, dass der Begriff veraltet sei – lediglich ein Spiegelbild des anatomischen Wissens der jeweiligen Zeit. Tatsächlich sind heutzutage viele Biologen äußerst vorsichtig, überhaupt von rudimentären Organen zu sprechen.

Das liegt möglicherweise daran, dass das Thema zu einem Schlachtfeld für Kreationisten und die Intelligent-Design-Lobby geworden ist, die argumentieren, dass keines der Organe auf Wiedersheims ursprünglicher Liste heute noch als rudimentär gilt – und dass es daher keinen Grund gibt, die Evolution heranzuziehen, um zu erklären, wie diese ihre ursprüngliche Funktion verloren haben. Zwar ist es berechtigt, den Status mancher Organe, die früher als Überreste galten, infrage zu stellen, doch das gesamte Konzept zu leugnen, widerspricht den biologischen Fakten."[199]

Diese Quelle stammt von einer etablierten wissenschaftlichen Plattform, die Intelligent Design nicht unterstützt. Sie genügt, um zu zeigen, dass wir inzwischen die Funktion einer Vielzahl angeblich rudimentärer Organe kennen. Später im Kapitel werde ich einige konkrete Beispiele dazu geben.

Etwas sehr Ähnliches ist auch mit Junk-DNA und Pseudogenen geschehen. Es gab gelegentlich Entdeckungen von Funktionen bei zuvor als Junk eingestuften DNA-Abschnitten, doch die allgemeine Sichtweise der Wissenschaftler war lange Zeit, dass der Großteil der DNA funktionslos sei. Diese Sichtweise begann sich mit der Veröffentlichung eines Papiers des ENCODE-Projekts im Jahr 2013 zu ändern. Hier ein Zitat daraus:

„Das menschliche Genom enthält den Bauplan des Lebens, doch die Funktion des Großteils seiner fast drei Milliarden Basen war bislang unbekannt. Das ENCODE-Projekt hat systematisch Regionen der Transkription, Transkriptionsfaktorbindung, Chromatinstruktur und Histonmodifikation kartiert. Diese Daten ermöglichten es uns, biochemische Funktionen für 80% des Genoms zuzuweisen – insbesondere außerhalb der gut erforschten protein-kodierenden Regionen. Viele entdeckte regulatorische Elemente stehen physisch miteinander und mit exprimierten Genen in Verbindung, was neue

Einblicke in die Mechanismen der Genregulation liefert. Die neu identifizierten Elemente zeigen auch eine statistische Korrelation zu Sequenzvarianten, die mit menschlichen Krankheiten in Verbindung stehen, und können so zur Interpretation dieser Variationen beitragen. Insgesamt liefert das Projekt neue Einblicke in die Organisation und Regulation unseres Genoms und ist eine umfangreiche Ressource für die biomedizinische Forschung."[200]

Hier sind weitere Zitate, die die wachsende Bedeutung und Funktion von Junk-DNA und Pseudogenen betonen:

„Obwohl der Begriff 'Junk-DNA' eingängig war, schreckte er viele Mainstream-Wissenschaftler jahrelang davon ab, nicht-kodierende DNA zu erforschen. Wer – außer ein paar genomischen Clochards – möchte schon im genetischen Müll wühlen? Doch wie im Leben so auch in der Wissenschaft gibt es ein paar Clochards, die das Risiko auf sich nehmen, ausgelacht zu werden, um unpopuläre Gebiete zu erforschen. Wegen ihnen begann sich die Sichtweise auf Junk-DNA, insbesondere repetitive Elemente, in den frühen 1990er-Jahren zu verändern. Heute betrachten immer mehr Biologen repetitive Elemente als genetischen Schatz."[201]

„Neue Erkenntnisse zeigen, dass die DNA eines Pseudogens, das davon transkribierte RNA-Molekül oder sogar das davon übersetzte Protein mehrere, vielfältige Funktionen haben kann – und dass diese Funktionen nicht nur die Elterngene, sondern auch unabhängige Gene beeinflussen können. Pseudogene haben sich somit als bislang unterschätzte Klasse komplexer Regulatoren der Genexpression erwiesen, die eine vielfältige Rolle in der Entstehung menschlicher Krebserkrankungen spielen."[202]

„Pseudogene wurden lange als 'Junk-DNA' abgetan – als fehlerhafte Kopien von Genen, die im Laufe der Evolution entstanden. Doch aktuelle Erkenntnisse stellen diese Sichtweise infrage; einige

Pseudogene scheinen tatsächlich in der Lage zu sein, ihre protein-kodierenden Verwandten zu regulieren."[203]

„Die Tage der 'Junk-DNA' sind vorbei", sagen Christoph Grunau und Christoph Grevelding, die leitenden Autoren einer neuen Studie in *Genome Biology and Evolution*. Ihre Untersuchung liefert eine detaillierte Analyse einer rätselhaften Superfamilie repetitiver DNA-Sequenzen, bekannt als W-Elemente, im Genom des menschlichen Parasiten *Schistosoma mansoni* (Stitz et al. 2021). Der Titel: „Satellite-like W elements: repetitive, transcribed, and putative mobile genetic factors with potential roles for biology and evolution of *Schistosoma mansoni*". Die Analyse zeigt strukturelle, funktionelle und evolutionäre Aspekte dieser Elemente und weist darauf hin, dass sie – weit davon entfernt, „Junk" zu sein – einen bleibenden Einfluss auf die Biologie von *S. mansoni* haben könnten."[204]

„Inzwischen ist klar, dass der Großteil der funktionalen Sequenzen im menschlichen Genom keine Proteine kodiert. Vielmehr arbeiten Elemente wie lange nicht-kodierende RNAs, Promotoren, Enhancer und zahllose regulatorische Motive zusammen, um das Genom zum Leben zu erwecken. Variationen in diesen Regionen verändern nicht die Proteine selbst, wohl aber die Netzwerke, die deren Expression steuern. Mit dem Entwurf des Humangenomprojekts explodierte die Entdeckung solcher nicht-kodierender Elemente. Bisher hat ihr Wachstum die Entdeckung protein-kodierender Gene um das Fünffache übertroffen – und es ist kein Ende in Sicht."[205]

Diese Quellen reichen aus, um zu zeigen, dass die wissenschaftlichen Daten massive Probleme für dieses Argument der Evolution darstellen. Im nächsten Abschnitt werde ich fünf konkrete Beispiele für rudimentäre Organe und DNA-Typen geben, die früher als funktionslos galten, aber heute bekannte Funktionen haben.

Menschlicher Blinddarm

Der menschliche Blinddarm wurde von Darwin und vielen anderen Evolutionisten als rudimentäres Organ betrachtet. Heute wissen wir, dass er wichtige Funktionen bei der Abwehr von Infektionen[206] erfüllt und als Zufluchtsort für nützliche Bakterien dient, die bei der Verdauung helfen.[207]

Beckenknochen der Wale

Die Becken der Wale galten als rudimentäre Organe. Nun wissen wir, dass sie wichtige Funktionen haben. Hier ist ein Verweis auf diese Tatsache:

Wale und Delfine brauchen ihr Becken, wie sich herausstellt. Die Knochen, die früher als rudimentär galten, sind tatsächlich für die Fortpflanzung wichtig. Die Muskeln, die den Penis eines Meeressäugers – der eine hohe Beweglichkeit aufweist – kontrollieren, sind direkt an den Beckenknochen befestigt. Daher war es für die Forscher logisch, dass die Becken die Kontrolle über den Penis beeinflussen könnten, was möglicherweise einen evolutionären Vorteil darstellt.[208]

Dottersack des Menschen

Der menschliche Embryo besitzt einen Dottersack, der primäre und sekundäre Entwicklungsphasen durchläuft. Früher galt er als nutzloses rudimentäres Organ, doch mittlerweile wurden wichtige Funktionen entdeckt. Hier ist ein Verweis auf diese Tatsache:

„Wie Hühner, Schnabeltiere und andere Tiere, die aus Eiern schlüpfen, hattest auch du als Embryo einen Dottersack. Für viele Wirbeltiere erfüllt dieser Beutel mehrere Entwicklungsfunktionen, einschließlich der Speicherung von Dotter – der nährstoffreichen Flüssigkeit, die den Embryo ernährt.

Allerdings ist die Funktion des menschlichen Dottersacks unklar. Er enthält keinen Dotter und verkümmert im zweiten Trimester – die Plazenta übernimmt dann die Ernährung des Embryos. Eine neue Studie in *Science* zeigt nun, dass der Dottersack des Menschen Funktionen übernimmt, die später von Leber und Nieren ausgeübt werden. Die Erkenntnisse könnten helfen, bessere Embryo-Modelle im Labor zu entwickeln und neue Methoden zur Gewinnung von Immunzellen zur Krankheitsbehandlung zu finden...

Was die Ergebnisse der Studie zeigen, sagt Haniffa, ist, dass „es während der frühen Entwicklung eine flüchtige Struktur gibt, die absolut entscheidend für den Embryo ist." Der vielseitige Dottersack „ist drei Organe in einem", erklärt sie – er übernimmt Aufgaben, die später an Leber, Nieren und Knochenmark übergehen."[209]

Repetitive Elemente von Junk-DNA

Viele repetitive DNA-Elemente galten lange als funktionslos. Nun wissen wir, dass sie wichtige Funktionen in Bezug auf Krankheiten haben. Hier ist ein Verweis auf diese Tatsache:

Historisch wurden repetitive Elemente im menschlichen Genom größtenteils als unregulierte „Junk-DNA" betrachtet, die nicht unter evolutionärem Selektionsdruck steht. In diesem Sinne galten Ausdehnungen dieser repetitiven Elemente als unglückliche Zufälle, deren Bedeutung erst dann offensichtlich wird, wenn sie stark ausgeprägte und syndromale menschliche Krankheiten verursachen. [210]

Nicht-konservierte DNA

Ein sehr häufiges Argument von Evolutionisten ist, dass weniger als 10 % der Sequenzen zwischen Menschen und anderen Säugetieren konserviert sind. Daher müsse die nicht-konservierte DNA funktionslos sein. Das Problem mit dieser Behauptung ist, dass es Belege dafür gibt, dass nicht-konservierte DNA funktional sein kann. Hier ist ein Verweis dazu:

Das Transkriptom von Säugetieren enthält viele nicht-protein-kodierende RNAs (ncRNAs), von denen die meisten keine starke Sequenzkonservierung aufweisen und deren Bedeutung unklar ist. Daraus wurde geschlossen, dass sie möglicherweise funktionslos sind. Allerdings sind bestimmte funktionale lange ncRNAs wie *Air* und *Xist* ebenfalls nur schwach konserviert. In diesem

Artikel haben wir systematisch die Konservierung mehrerer Gruppen funktionaler ncRNAs analysiert, einschließlich miRNAs, snoRNAs und längerer ncRNAs, deren Funktion dokumentiert oder zuverlässig vorhergesagt wurde. Wie erwartet, waren miRNAs und snoRNAs stark konserviert. Im Gegensatz dazu waren längere funktionale ncRNAs wesentlich weniger konserviert, viele unterlagen einer schnellen Sequenzevolution. Unsere Ergebnisse deuten darauf hin, dass längere ncRNAs unter anderen evolutionären Zwängen stehen und dass der Mangel an Konservierung bei Tausenden potenzieller ncRNAs nicht zwangsläufig auf Funktionslosigkeit hinweist.[211]

Falsifikation

Dieses Argument machte eine klare Vorhersage – und diese Vorhersage wurde eindeutig widerlegt. Und das ist ganz abgesehen von der zutiefst problematischen Logik hinter dem Argument. Trotzdem werden Evolutionisten dies ignorieren und weiterhin an die Evolution glauben. Die einfache Wahrheit ist: Keines dieser Argumente ist falsifizierbar. Evolutionisten werden immer ad-hoc-Erklärungen erfinden, um ihren Glauben an die Evolution zu retten.

Schlussfolgerung

Die einfache Wahrheit ist, dass Beweise und Fakten nicht der Grund für den Glauben an die Evolution sind. Vielmehr scheint dieser Glaube das Ergebnis von über einem Jahrhundert Indoktrination zu sein. Es scheint auch, dass die meisten Menschen einfach nicht zugeben wollen, dass ihre Überzeugungen falsch sind. Das geschieht bei Anhängern vieler anderer falscher Religionen – und nun geschieht es auch bei den Gläubigen der Evolution.

Schlussfolgerung

In diesem Buch habe ich die grundlegende Logik und die wissenschaftlichen Belege in der Debatte zwischen Evolution und Design behandelt. Die Evolution wird oft als harte, unumstößliche Tatsache dargestellt, doch die traurige Realität für die Evolutionisten ist, dass es sich in Wahrheit um eine tote Religion mit guter Öffentlichkeitsarbeit und massiver Indoktrination handelt.

Die Tatsache ist: Selbst wenn man den Evolutionisten ihr Standardmodell und den Mechanismus der Evolution zugesteht, gibt es dennoch äußerst starke Hinweise darauf, dass das Leben geplant und gestaltet wurde – und diese Hinweise beruhen auf einem Kriterium, das von den Evolutionisten selbst akzeptiert wird: dem Rasiermesser von Ockham. Der Grund dafür liegt in den tiefen logischen Problemen in den Überzeugungen der Evolutionisten. Viele dieser Überzeugungen scheitern an den Maßstäben, die sie selbst angeblich hochhalten.

Ich habe eine gründliche Analyse der universellen gemeinsamen Abstammung vorgenommen – eines weit verbreiteten evolutionistischen Glaubens – und dargelegt, dass diese Annahme im Widerspruch zu anderen Überzeugungen der Evolutionisten steht und nach denselben Maßstäben, mit denen sie gegen Design argumentieren, selbst verworfen werden müsste.

Ich habe außerdem einige der gängigsten wissenschaftlichen Belege für die Evolution analysiert – und die enormen Schwächen dieser Belege sind weder schwer zu sehen noch schwer zu verstehen. Der Fossilienbestand passt nicht zu den Vorhersagen der Evolution. Dass dies eines der wenigen Argumente für den Mechanismus der Evolution ist – und selbst evolutionäre Biologen einräumen, dass die Fossilienlage den Erwartungen widerspricht – sollte jedem deutlich machen, wie schwach die Beweislage für den Mechanismus der Evolution tatsächlich ist.

Wenn wir die wissenschaftlichen Belege für die universelle gemeinsame Abstammung betrachten, dann widersprechen die Daten sowohl dem Argument aus phylogenetischen Stammbäumen als auch dem Argument aus der Embryologie. An dieser Tatsache führt kein Weg vorbei. Die Lage in der Biogeographie ist zwar nicht ganz so katastrophal wie bei diesen beiden Argumenten, doch es gibt auch dort massive Probleme, die ständig verzweifelte und ad hoc erfundene Erklärungen wie die „Floßhypothese" erfordern.

Wir haben außerdem das mit Abstand beliebteste evolutionistische Argument betrachtet: Junk-DNA und rudimentäre Organe. Für die Widerlegung dieser Argumente muss man sich nicht einmal auf die Wissenschaft stützen – die logischen Schwächen sind offensichtlich. Aber die wissenschaftlichen Daten widerlegen diese Argumente ebenfalls. Dass es sich hierbei um die meistverwendeten Argumente von Evolutionisten handelt, und dass sie so leicht zu entkräften sind, zeigt deutlich, wie schwach und verzweifelt die evolutionistische Position wirklich ist.

Ich habe in diesem Buch nicht alle Themen rund um Evolution und Design behandelt. Der einfache Grund dafür ist, dass es sich um ein gewaltiges Themenfeld handelt, das viele miteinander verbundene Bereiche umfasst. Die restlichen Themen werde ich, so Gott will, in zukünftigen Büchern behandeln.

Bibliographie

• Stephen C. Meyer, *Darwin's Doubt: The Explosive Origin of Animal Life and the Case for Intelligent Design*, 2013

• Shoaib Ahmed Malik, *Islam and Evolution: Al-Ghazālī and the Modern Evolutionary Paradigm*, 2021

• Jonathan Wells, *Zombie Science: More Icons of Evolution*, 2017

• Richard Dawkins, *The Blind Watchmaker*, 1996

• Francis Crick, *What Mad Pursuit: A Personal View of Scientific Discovery*, 1988

• E.V.R. Kojonen, *The Intelligent Design Debate and the Temptation of Scientism*, 2015

• Elliott Sober, *Evidence and Evolution: The Logic Behind the Science*, 2008

• George McGhee, *Convergent Evolution: Limited Forms Most Beautiful*, 2011

• Matthew Cobb, *Life's Greatest Secret: The Race to Crack the Genetic Code*, 2015

• Richard Dawkins, *The God Delusion*, 2006

• Simon Conway Morris, *Life's Solution: Inevitable Humans in a Lonely Universe*, 2003

• Jerry A. Coyne, *Why Evolution Is True*, 2009

- Niles Eldredge, *Reinventing Darwin: The Great Evolutionary Debate*, 1995

- Marten Scheffer, *Critical Transitions in Nature and Society*, 2009

- Douglas Erwin, James Valentine, *The Cambrian Explosion: The Construction of Animal Biodiversity*, 2013

- Nelson R. Cabej, *Epigenetic Mechanisms of the Cambrian Explosion*, 2019

- Stephen Jay Gould, *Punctuated Equilibrium*, 2007

- Peter Atkins, *Galileo's Finger: The Ten Great Ideas of Science*, 2003

- Richard Dawkins, *The Greatest Show on Earth*, 2009

- C.P. Hickman, L.S. Roberts, F.M. Hickman, *Integrated Principles of Zoology*, 1988

- Winfried Henke, Ian Tattersall, *Handbook of Paleoanthropology: Principles, Methods, and Approaches*, 2015

- Stephen Jay Gould, *The Structure of Evolutionary Theory*, 2002

- Neil Shubin, *Your Inner Fish: A Journey Into the 3.5-Billion-Year History of the Human Body*, 2008

- Alan Feduccia, *Riddle of the Feathered Dragon*, 2012

- J. G. M. Thewissen, *The Walking Whales: From Land to Water in Eight Million Years*, 2014

---

[1] Kelemen, D. (2004). Are Children "Intuitive Theists"? Reasoning About Purpose and Design in Nature. Psychological Science, 15(5), pp. 295-301.

[2] Paul Bloom, "Religion is natural," *Developmental Science*, 10:1, pp 147-151 (2007)

[3] Richard Dawkins, The Blind Watchmaker, 1996, p. 1

[4] Francis Crick, What Mad Pursuit: A Personal View of Scientific Discovery, 1988, p. 374

[5] E.V.R. Kojonen, The Intelligent Design Debate and the Temptation of Scientism, 2015, p. 55

[6] Miller, "Life's Grand Design," 24-32

[7] Francisco Ayala, Debating Design: From Darwin to DNA, 2004, p. 70

[8] Gould, S.J., Is a new and general theory of evolution emerging? Paleobiology 6:119–130 (p.127), 1980.

[9] Jeffrey H. Schwartz, Bruno Maresca, "Do Molecular Clocks Run at All? A Critique of Molecular Systematics," Biological Theory, 1(4):357-371, (2006)

[10] Richard Dawkins, The Greatest Show on Earth, 2009, p. 321-322

[11] Richard Dawkins Answers Reddit Questions[1]

[12] How do genes direct the production of proteins?: MedlinePlus Genetics[2]

[13] What is noncoding DNA?: MedlinePlus Genetics[3]

[14] Richard Dawkins, River out of Eden, p. 17

---

1. https://www.youtube.com/watch?v=vueDC69jRjE&t=524s
2. https://medlineplus.gov/genetics/understanding/howgeneswork/makingprotein/
3. https://medlineplus.gov/genetics/understanding/basics/noncodingdna/

[15] Stephen C. Meyer, Darwin's Doubt: The Explosive Origin of Animal Life and the Case for Intelligent Design, 2013, p. 67

[16] Stephen C. Meyer, Darwin's Doubt: The Explosive Origin of Animal Life and the Case for Intelligent Design, 2013, p. 259

[17] Bernard John and George Miklos, The Eukaryote Genome in Development and Evolution, 309

[18] Keith Thomson, Macroevolution, p. 111

[19] Fisher, The Genetical Theory of Natural Selection, 44

[20] McDonald, "The Molecular Basis of Adaptation," 93

[21] McDonald, "The Molecular Basis of Adaptation," 93

[22] Shoaib Ahmed Malik, Islam and Evolution: Al-Ghazālī and the Modern Evolutionary Paradigm, 2021, p. 38

[23] evolution | Learn Science at Scitable[4]

[24] Shoaib Ahmed Malik, Islam and Evolution: Al-Ghazālī and the Modern Evolutionary Paradigm, 2021, p. 23

[25] Shoaib Ahmed Malik, Islam and Evolution: Al-Ghazālī and the Modern Evolutionary Paradigm, 2021, p. 26

[26] The Third Way of Evolution[5]

[27] E.V.R. Kojonen, The Intelligent Design Debate and the Temptation of Scientism, 2015, p. 55

[28] The God of the Galápagos | Nature[6]

[29] Use Random Module to Generate Random Numbers in Python[7]

---

4. https://www.nature.com/scitable/definition/evolution-78/

5. https://www.thethirdwayofevolution.com/

6. https://www.nature.com/articles/352485a0

7. https://www.toppr.com/guides/python-guide/tutorials/modules/modules/random/use-random-module-to-generate-random-numbers-in-python/

[30] Elliott Sober, Evidence and Evolution: The logic behind the science, 2008, p. 143-144

[31] Elliott Sober, Evidence and Evolution: The logic behind the science, 2008, p. 129

[32] Elliott Sober, Evidence and Evolution: The logic behind the science, 2008, p. 130-131

[33] Shoaib Ahmed Malik, Islam and Evolution: Al-Ghazālī and the Modern Evolutionary Paradigm, 2021, p. 48

[34] Defending Darwin from Hoodbhoy – Response to 'Corona — our debt to Darwin' – Subboor Ahmed[8]

[35] Todd, S.C., correspondence to Nature 401(6752):423, 30 Sept. 1999

[36] Shoaib Ahmed Malik, Islam and Evolution: Al-Ghazālī and the Modern Evolutionary Paradigm, 2021, p. 46

[37] Elliott Sober, Evidence and Evolution: The logic behind the science, 2008, p. 264, emphasis added

[38] Elliott Sober, Evidence and Evolution: The logic behind the science, 2008, p. 265

[39] Richard Dawkins, The Blind Watchmaker, p. 270, emphasis added

[40] George McGhee, Convergent Evolution: Limited Forms Most Beautiful, 2011, p. 5-6

[41] Matthew Cobb, Life's Greatest Secret: The race to crack the genetic code, 2015, p. 290

[42] E.V.R. Kojonen, The Intelligent Design Debate and the Temptation of Scientism, 2015, p. 133-134

[43] Elliott Sober, Evidence and Evolution: The logic behind the science, 2008, p. 310-311, emphasis added

---

8. https://subboorahmad.com/defending-darwin-from-hoodbhoy-response-to-corona-our-debt-to-darwin/

[44] Richard Dawkins, The God delusion, page 169-170

[45] Physicists & Philosophers debunk The Fine Tuning Argument[9]

[46] Alan De Queiroz, Resurrection of Oceanic Dispersal in Historical Biogeography, 2005

[47] Physicists & Philosophers debunk The Fine Tuning Argument[10]

[48] Convergent evolution explained with 13 examples | Natural History Museum[11]

[49] George McGhee, Convergent Evolution: Limited Forms Most Beautiful, 2011, p. 245-246

[50] George McGhee, Convergent Evolution: Limited Forms Most Beautiful, 2011, p. 39-40

[51] Simon Conway Morris, Life's Solution: Inevitable humans in a lonely universe, 2003, p. 283-284

[52] To converge or not to converge in environmental space: testing for similar environments between analogous succulent plants of North America and Africa - PMC[12]

[53] Shoaib Ahmed Malik, Islam and Evolution: Al-Ghazālī and the Modern Evolutionary Paradigm, 2021, p. 53

[54] E.V.R. Kojonen, The Intelligent Design Debate and the Temptation of Scientism, 2015, p. 56

[55] E.V.R. Kojonen, The Intelligent Design Debate and the Temptation of Scientism, 2015, p. 51-52

[56] Richard Dawkins Answers Reddit Questions[13]

---

9. https://www.youtube.com/watch?v=jJ-fj3lqJ6M

10. https://www.youtube.com/watch?v=jJ-fj3lqJ6M

11. https://www.nhm.ac.uk/discover/convergent-evolution.html

12. https://www.ncbi.nlm.nih.gov/pmc/articles/PMC3662519/

13. https://www.youtube.com/watch?v=vueDC69jRjE&t=524s

[57] (DOC) A Muslim Response to the Evidential challenge of Human Evolution | Zaid Abu Hurayra - Academia.edu[14]

[58] Jonathan Wells, Zombie Science: More Icons of Evolution, 2017, p. 30

[59] Fossils - British Geological Survey[15].

[60] Shoaib Ahmed Malik, Islam and Evolution: Al-Ghazālī and the Modern Evolutionary Paradigm, 2021, p. 32

[61] The evolution of human evolution[16]

[62] Jonathan Wells, Zombie Science: More Icons of Evolution, 2017, p. 140

[63] Stephen Jay Gould: Did He Bring Paleontology to the "High Table"?[17]

[64] Jerry A. Coyne, Why Evolution Is True, 2009, p. 71-72

[65] Jerry A. Coyne, Why Evolution Is True, 2009, p. 165

[66] Jerry A. Coyne, Why Evolution Is True, 2009, p. 165

[67] Gould, S.J., Is a new and general theory of evolution emerging? Paleobiology 6:119–130 (p.127), 1980.

[68] Gould, S.J., Evolution' erratic pace. *Natural History* 86(5):14, 1977.

---

14. https://www.academia.edu/104895405/A_Muslim_Response_to_the_Evidential_challenge_of_Human_Evolution

15. https://www.bgs.ac.uk/discovering-geology/fossils-and-geological-time/fossils/#_853ae90f0351324bd73ea615e6487517__4c761f170e016836ff84498202b99827__853ae90f0351324bd73ea615e6487517_text_43ec3e5dee6e706af7766fffea512721_What_0bcef9c45bd8a48eda1b26eb0c61c869_20is_0bcef9c45bd8a48eda1b26eb0c61c869_20a_0bcef9c45bd8a48eda1b26eb0c61c869_20fossil_0bcef9c45bd8a48eda1b26eb0c61c869_3F_c0cb5f0fcf239ab3d9c1fcd31fff1efc_than_0bcef9c45bd8a48eda1b26eb0c61c869_2010_0bcef9c45bd8a48eda1b26eb0c61c869_20000_0bcef9c45bd8a48eda1b26eb0c61c869_20years_0bcef9c45bd8a48eda1b26eb0c61c869_20old

16. https://researchfeatures.com/human-evolution/

17. https://www.researchgate.net/publication/43225497_Stephen_Jay_Gould_Did_He_Bring_Paleontology_to_the_High_Table

[69] Niles Eldredge, Reinventing Darwin: The Great Evolutionary Debate (New York: John Wiley & Sons, 1995), 95.

[70] The Cambrian explosion[18].

[71] Stephen C. Meyer, Darwin's Doubt: The Explosive Origin of Animal Life and the Case for Intelligent Design, 2013, p. 67

[72] Marten Scheffer, Critical Transitions in Nature and Society, 2009, p. 169-170

[73] Douglas Erwin, James Valentine, The Cambrian Explosion: The Construction of Animal Biodiversity, p. 6

[74] Rates of phenotypic and genomic evolution during the Cambrian explosion - PubMed[19]

[75] Nelson R. Cabej, Epigenetic Mechanisms of the Cambrian Explosion, 2019, p.

[76] https://darwin-online.org.uk/Variorum/1861/1861-497-c-1860.html

[77] The meaning of Darwin's "abominable mystery"[20].

---

18. https://evolution.berkeley.edu/the-cambrian-explosion/#_853ae90f0351324bd73ea615e6487517__4c761f170e016836ff84498202b99827__853ae90f0351324bd73ea615e6487517_text_43ec3e5dee6e706af7766fffea512721_Around_0bcef9c45bd8a48eda1b26eb0c61c869_20530_0bcef9c45bd8a48eda1b26eb0c61c869_20million_0bcef9c45bd8a48eda1b26eb0c61c869_20years_0bcef9c45bd8a48eda1b26eb0c61c869_20ago_c0cb5f0fcf239ab3d9c1fcd31fff1efc_we_0bcef9c45bd8a48eda1b26eb0c61c869_20observe_0bcef9c45bd8a48eda1b26eb0c61c869_20in_0bcef9c45bd8a48eda1b26eb0c61c869_20modern_0bcef9c45bd8a48eda1b26eb0c61c869_20groups

19. https://pubmed.ncbi.nlm.nih.gov/24035543/

20. https://bsapubs.onlinelibrary.wiley.com/doi/10.3732/ajb.0800150#_853ae90f0351324bd73ea615e6487517__4c761f170e016836ff84498202b99827__853ae90f0351324bd73ea615e6487517_text_43ec3e5dee6e706af7766fffea512721__0bcef9c45bd8a48eda1b26eb0c61c869_E2_0bcef9c45bd8a48eda1b26eb0c61c869_80_0bcef9c45bd8a48eda1b26eb0c61c869_9CThe_0bcef9c45bd8a48eda1b26eb0c61c869_20abrupt_0bcef9c45bd8a48eda1b26eb0c61c869_20manner_0bcef9c45bd8a48eda1b26eb0c61c869_20in_0bcef9c45bd8a48eda1b26eb0c61c869_20which_c0cb5f0fcf239ab3d9c1fcd31fff1efc_in_0bcef9c45bd8a

[78] C.P. Hickman, L.S. Roberts, and F.M. Hickman, Integrated Principles of Zoology, p. 866

[79] Walter Etter, "Patterns of Diversification and Extinction," in Handbook of Paleoanthropology: Principles, Methods, and Approaches, ed. Winfried Henke and Ian Tattersall, 2nd ed. (Heidelberg: Springer, 2015), 351–415.

[80] The Ordovician: Life's second big bang | New Scientist[21]

[81] Richard M. Bateman et al., "Early Evolution of Land Plants: Phylogeny, Physiology, and Ecology of the Primary Terrestrial Radiation," Annual Review of Ecology and Systematics 29 (1998): 263–292.

[82] Gareth J. Fraser et al., "The Odontode Explosion: The Origin of Tooth-Like Structures in Vertebrates," Bioessays 32 (2010): 808–817

[83] Christian Klug et al., "The Devonian Nekton Revolution," Lethaia 43 (2010): 465–477.

[84] April: Dinosaurs ended - and originated - with a bang | News and features | University of Bristol[22]

[85] The macroevolutionary singularity of snakes | Science[23]

[86] Stefanie De Bodt, Steven Maere, and Yves Van de Peer, "Genome duplication and the origin of angiosperms," Trends in Ecology and Evolution, 20:591-597 (2005).

[87] Alan Cooper and Richard Fortey, "Evolutionary Explosions and the Phylogenetic Fuse," Trends in Ecology and Evolution, 13: 151-156 (April, 1998).

[88] Elliott Sober, Evidence and Evolution: The logic behind the science, 2008, p. 318-319

48eda1b26eb0c61c869_20the_0bcef9c45bd8a48eda1b26eb0c61c869_20transmutation_0bcef9c45bd8a48eda1b26eb0c61c869_20of_0bcef9c45bd8a48eda1b26eb0c61c869_20species

21. https://www.newscientist.com/article/mg19826601-700-the-ordovician-lifes-second-big-bang/

22. https://www.bristol.ac.uk/news/2018/april/dinosaurs-ended-and-originated-with-a-bang-.html

23. https://www.science.org/doi/10.1126/science.adh2449

[89] Shoaib Ahmed Malik, Islam and Evolution: Al-Ghazālī and the Modern Evolutionary Paradigm, 2021, p. 50

[90] The completeness of the fossil record - Benton - 2009 - Significance - Wiley Online Library[24]

[91] Absolute measures of the completeness of the fossil record | Nature[25]

[92] Absolute measures of the completeness of the fossil record | Nature[26]

[93] The completeness of the fossil record - Benton - 2009 - Significance - Wiley Online Library[27]

[94] Quality of the fossil record through time | Nature[28]

[95] Sampling, taxonomic description, and our evolving knowledge of morphological diversity | Paleobiology | Cambridge Core[29]

[96] Structure, not Bias | Journal of Paleontology | Cambridge Core[30]

[97] The quality of the fossil record across higher taxa: compositional fidelity of phyla and classes in benthic marine associations - PMC[31]

[98] Stephen Jay Gould, Punctuated Equilibrium, 2007, p. 19

[99] Stephen Jay Gould and Niles Eldredge, Punctuated Equilibria: An Alternative to Phyletic Gradualism, 1972

---

24. https://rss.onlinelibrary.wiley.com/doi/full/10.1111/j.1740-9713.2009.00374.x
25. https://www.nature.com/articles/18872
26. https://www.nature.com/articles/18872
27. https://rss.onlinelibrary.wiley.com/doi/full/10.1111/j.1740-9713.2009.00374.x
28. https://www.nature.com/articles/35000558
29. https://www.cambridge.org/core/journals/paleobiology/article/abs/sampling-taxonomic-description-and-our-evolving-knowledge-of-morphological-diversity/5D44EF179954D44ED12A77D18D7DAA22
30. https://www.cambridge.org/core/journals/journal-of-paleontology/article/structure-not-bias/309B2D6D87176F77774D07A67B1E7A64
31. https://www.ncbi.nlm.nih.gov/pmc/articles/PMC10348303/

[100] Schopf, Editorial Introduction to Eldredge and Gould, “Punctuated Equilibria: An Alternative to Phyletic Gradualism”

[101] Stephen Jay Gould, The Structure of Evolutionary Theory, 2002, 703

[102] Neo darwinism still haunts evolutionary theory: A modern perspective on - PMC[32]

[103] Richard Dawkins, The Blind Watchmaker, 1986, p. 265

[104] Charlesworth, Lande, and Slatkin, “A Neo-Darwinian Commentary on Macroevolution,” 493

[105] Valentine and Erwin, “Interpreting Great Developmental Experiments,” 96

[106] Intelligent design is not a theory[33]

[107] Shoaib Ahmed Malik, Islam and Evolution: Al-Ghazālī and the Modern Evolutionary Paradigm, 2021, p. 23

[108] Jerry A. Coyne, Why Evolution Is True, 2009, p. 70

[109] Jerry A. Coyne, Why Evolution Is True, 2009, p. 72

[110] Elliott Sober, Evidence and Evolution: The logic behind the science, 2008, p. 143-144

[111] Shoaib Ahmed Malik, Islam and Evolution: Al-Ghazālī and the Modern Evolutionary Paradigm, 2021, p. 34-35

[112] Jerry A. Coyne, Why Evolution Is True, 2009, p. 121

[113] Jerry A. Coyne, Why Evolution Is True, 2009, p. 35-38

[114] Neil Shubin, Your Inner Fish: A Journey Into the 3.5-Billion-Year History of the Human Body, 2008, p. 24

[115] Muddy tetrapod origins | Nature[34]

---

32. https://www.ncbi.nlm.nih.gov/pmc/articles/PMC8979413/

33. https://www.denverpost.com/2005/08/11/intelligent-design-is-not-a-theory/

34. https://www.nature.com/articles/463040a

[116]https://web.archive.org/web/20101012112256/http://blogs.nature.com/henrygee/2010/01/06/first-footing

[117] Jerry A. Coyne, Why Evolution Is True, 2009, p. 95-96

[118] Discovery Raises New Doubts About Dinosaur-bird Links | ScienceDaily[35]

[119] Alan Feduccia, Riddle of the Feathered Dragon, 2012, p. 236

[120] The oldest fossil bird-like footprints from the upper Triassic of southern Africa | PLOS ONE[36]

[121] Mysterious bird-like tracks in Africa: The oldest birds?[37]

[122] Mysterious Bird-Like Footprints in Africa Predate The Existence of Birds : ScienceAlert[38]

[123] Jerry A. Coyne, Why Evolution Is True, 2009, p. 52

[124] Jerry A. Coyne, Why Evolution Is True, 2009, p. 53-55

[125] Ghost Lineages Highly Influence the Interpretation of Introgression Tests | Systematic Biology | Oxford Academic[39]

[126] https://ui.adsabs.harvard.edu/abs/1993AmJS..293..407N/abstract

[127] J.G.M. Thewissen, "Whales originated from aquatic artiodactyls," 1190

[128] Kevin Padian, "The tale of the whale," Reports of the National Center for Science Education 17:6 (1997): 26–27.

[129] Phillip D. Gingerich, New Protocetid Whale from the Middle Eocene of Pakistan: Birth on Land, Precocial Development, and Sexual Dimorphism, 2009, p. 14

---

35. https://www.sciencedaily.com/releases/2009/06/090609092055.htm

36. https://journals.plos.org/plosone/article?id=10.1371/journal.pone.0293021

37. https://cosmosmagazine.com/history/palaeontology/oldest-bird-tracks-fossil-africa/

38. https://www.sciencealert.com/mysterious-bird-like-footprints-in-africa-predate-the-existence-of-birds

39. https://academic.oup.com/sysbio/article/71/5/1147/6529125

[130] J. G. M. Thewissen, The Walking Whales: From Land to Water in Eight Million Years (Berkeley: University of California Press, 2014), p. 169.

[131] Where Do Otters Live?[40].

[132] New whale from the Eocene of Pakistan and the origin of cetacean swimming | Nature[41]

[133] Whale Origins as a Poster Child for Macroevolution | BioScience | Oxford Academic[42]

[134] A new, diminutive Eocene whale from Kachchh (Gujarat, India) and its implications for locomotor evolution of cetaceans[43]

[135] Elliott Sober, Evidence and Evolution: The logic behind the science, 2008, p. 318-323

[136] Shoaib Ahmed Malik, Islam and Evolution: Al-Ghazālī and the Modern Evolutionary Paradigm, 2021, p. 23

[137] Shoaib Ahmed Malik, Islam and Evolution: Al-Ghazālī and the Modern Evolutionary Paradigm, 2021, p. 38

[138] Reading a Phylogenetic Tree: The Meaning of Monophyletic Groups[44]

[139] Phylogenetics of man-made objects: simulating evolution in the classroom – Science in School[45]

---

40. https://www.worldanimalprotection.us/latest/blogs/where-do-otters-live/#_853ae90f0351324bd73ea615e6487517__4c761f170e016836ff84498202b99827__853ae90f0351324bd73ea615e6487517_text_43ec3e5dee6e706af7766fffea512721_Otters_0bcef9c45bd8a48eda1b26eb0c61c869_20prefer_0bcef9c45bd8a48eda1b26eb0c61c869_20wet_0bcef9c45bd8a48eda1b26eb0c61c869_20habitats_0bcef9c45bd8a48eda1b26eb0c61c869_20and_c0cb5f0fcf239ab3d9c1fcd31fff1efc_of_0bcef9c45bd8a48eda1b26eb0c61c869_20their_0bcef9c45bd8a48eda1b26eb0c61c869_20time_0bcef9c45bd8a48eda1b26eb0c61c869_20on_0bcef9c45bd8a48eda1b26eb0c61c869_20land

41. https://www.nature.com/articles/368844a0

42. https://academic.oup.com/bioscience/article/51/12/1037/223993

43. https://www.jstor.org/stable/24105112

44. https://www.nature.com/scitable/topicpage/reading-a-phylogenetic-tree-the-meaning-of-41956/

[140] Jeffrey H. Schwartz, Bruno Maresca, “Do Molecular Clocks Run at All? A Critique of Molecular Systematics,” Biological Theory, 1(4):357-371, (2006)

[141] Richard Dawkins, The Greatest Show on Earth, 2009, p. 321-322

[142] Richard Dawkins: One Fact to Refute Creationism[46]

[143] Animal evolution and the molecular signature of radiations compressed in time - PubMed[47]

[144] The Sources of Phylogenetic Conflicts - Archive [48]ouverte[49] HAL[50]

[145] Gene tree discordance, phylogenetic inference and the multispecies coalescent - PubMed[51]

[146] PhyloWGA[52]: chromosome-aware phylogenetic interrogation of whole genome alignments[53]

[147] The universal ancestor - PubMed[54]

[148] Large-scale taxonomic profiling of eukaryotic model organisms: a comparison of orthologous proteins encoded by the human, fly, nematode, and yeast genomes - PubMed[55]

[149] Graham Lawton, “Why Darwin was wrong about the tree of life,” New Scientist (January 21, 2009)

---

45. https://www.scienceinschool.org/article/2013/phylogenetics/
46. https://youtu.be/TjxZ6MrBl9E?si=b064X-updZhxKjSh
47. https://pubmed.ncbi.nlm.nih.gov/16373569/
48. https://hal.science/hal-02535482
49. https://hal.science/hal-02535482
50. https://hal.science/hal-02535482
51. https://pubmed.ncbi.nlm.nih.gov/19307040/
52. https://pubmed.ncbi.nlm.nih.gov/33051672/
53. https://pubmed.ncbi.nlm.nih.gov/33051672/
54. https://pubmed.ncbi.nlm.nih.gov/9618502/
55. https://pubmed.ncbi.nlm.nih.gov/9647634/

[150] Zuckerkandl and Pauling, "Evolutionary Divergence and Convergence in Proteins," 101

[151] Peter Atkins, Galileo's Finger: The Ten Great Ideas of Science, 2003, p. 16

[152] Elliott Sober, Evidence and Evolution: The logic behind the science, 2008, p. 314-315

[153] Understanding phylogenetic incongruence: lessons from phyllostomid bats - PubMed[56]

[154] Bones, molecules...or both? | Nature[57]

[155] Patterson et al., "Congruence between Molecular and Morphological Phylogenies", Annual Review of Ecology and Systematics, vol 24, pg. 179

[156] De Jong, W. W. Molecules remodel the mammalian tree. Tree Vol 13, No 7, pg. 270-274

[157] Masami Hasegawa, Jun Adachi, Michel C. Milinkovitch, "Novel Phylogeny of Whales Supported by Total Molecular Evidence," Journal of Molecular Evolution 44 (Supplement 1, 1997): S117-S120

[158] Horizontal functional gene transfer from bacteria to fishes | Scientific Reports[58]

[159] The past, present and future of the tree of life - ScienceDirect[59]

[160] Some genes 'foreign' in origin and not from our ancestors[60]

[161] Some genes 'foreign' in origin and not from our ancestors[61]

[162] Mark A. Ragan and Robert G. Beiko, "Lateral genetic transfer: open issues," Philosophical Transactions of the Royal Society B, 364 (2009): 2241-2251.

---

56. https://pubmed.ncbi.nlm.nih.gov/22891620/
57. https://www.nature.com/articles/35018729
58. https://www.nature.com/articles/srep18676
59. https://www.sciencedirect.com/science/article/pii/S0960982221002967
60. https://www.biomedcentral.com/about/press-centre/science-press-releases/13-03-2015
61. https://www.biomedcentral.com/about/press-centre/science-press-releases/13-03-2015

[163] https://phylogenomics.blogspot.com/2015/03/horizontal-gene-transfer-into-humans-i.html

[164] Reconstructing the Last Common Ancestor: Epistemological and Empirical Challenges - PubMed[62]

[165] Jerry A. Coyne, Why Evolution Is True, 2009, p. 93

[166] Jerry A. Coyne, Why Evolution Is True, 2009, p. 98

[167] Marsupials | National Center for Science Education[63]

[168] Sea Monkeys Are the Tip of the Iceberg: More Biogeographical Conundrums for Neo-Darwinism | Evolution News[64]

[169] Alan de Queiroz, "The resurrection of oceanic dispersal in historical biogeography," *Trends in Ecology and Evolution*, Vol.20(2):68-73

[170] Skeptic » Insight » Monkey Business[65]

[171] George Gaylord Simpson, Mammals and Land Bridge, 1940

[172] Little African duckbill dinosaurs provide evidence of an unlikely ocean crossing[66]

[173] BBC News - Tiny fossil teeth [67]re-write[68] rodent record[69]

[174] Over-water dispersal of lizards due to hurricanes | Nature[70]

[175] Full article: The first substantiated case of trans-oceanic tortoise dispersal[71]

---

62. https://pubmed.ncbi.nlm.nih.gov/35575816/
63. https://ncse.ngo/marsupials
64. https://evolutionnews.org/2010/03/sea_monkeys_are_the_tip_of_the/#fn78
65. https://www.skeptic.com/insight/monkey-business/
66. https://phys.org/news/2024-02-african-duckbill-dinosaurs-evidence-ocean.html
67. https://www.bbc.co.uk/news/science-environment-15268643
68. https://www.bbc.co.uk/news/science-environment-15268643
69. https://www.bbc.co.uk/news/science-environment-15268643
70. https://www.nature.com/articles/26886

[176] What is Embryology?[72]

[177] Darwin, Francis ed. 1887. The life and letters of Charles Darwin, including an autobiographical chapter. vol. 2. London: John Murray.[73]

[178] Darwin, C. R. 1872. The origin of species by means of natural selection, or the preservation of favoured races in the struggle for life. London: John Murray. 6th edition; with additions and corrections. Eleventh thousand.[74]

[179] Jerry A. Coyne, Why Evolution Is True, 2009, p. 78-82

[180] Mason, Losos and Singer, Raven and Johnson's Biology, 428

[181] . Miller and Levine, Biology, 469

[182] There is no highly conserved embryonic stage in the vertebrates: implications for current theories of evolution and development | Brain Structure and Function[75]

[183] Haeckel's embryos: fraud rediscovered - PubMed[76]

---

71. https://nam10.safelinks.protection.outlook.com/?url=https%3A%2F%2Fdoi.org%2F10.1080%2F00222930601058290&data=05%7C02%7Cklinghoffer%40discovery.org%7C2314097c744b454116e708dc70f2745b%7C9bf06663c0d64ce089ef1a87c52bdb32%7C0%7C0%7C638509433868204371%7CUnknown%7CTWFpbGZsb3d8eyJWIjoiMC4wLjAwMDAiLCJQIjoiV2luMzIiLCJBTiI6Ik1haWwiLCJXVCI6Mn0%3D%7C0%7C%7C%7C&sdata=XCkCj%2BM3iAYBRYUwY6Qs6S0EnC6s5%2FYtxtwzJnYt574%3D&reserved=0

72. https://www.news-medical.net/health/What-is-Embryology.aspx#_853ae90f0351324bd73ea615e6487517__4c761f170e016836ff84498202b99827__853ae90f0351324bd73ea615e6487517_text_43ec3e5dee6e706af7766fffea512721_Embryology_0bcef9c45bd8a48eda1b26eb0c61c869_20is_0bcef9c45bd8a48eda1b26eb0c61c869_20the_0bcef9c45bd8a48eda1b26eb0c61c869_20study_0bcef9c45bd8a48eda1b26eb0c61c869_20of_c0cb5f0fcf239ab3d9c1fcd31fff1efc_term_0bcef9c45bd8a48eda1b26eb0c61c869_20used_0bcef9c45bd8a48eda1b26eb0c61c869_20is_0bcef9c45bd8a48eda1b26eb0c61c869_20_0bcef9c45bd8a48eda1b26eb0c61c869_E2_0bcef9c45bd8a48eda1b26eb0c61c869_80_0bcef9c45bd8a48eda1b26eb0c61c869_9Cfetus._0bcef9c45bd8a48eda1b26eb0c61c869_E2_0bcef9c45bd8a48eda1b26eb0c61c869_80_0bcef9c45bd8a48eda1b26eb0c61c869_9D

73. https://darwin-online.org.uk/content/frameset?pageseq=354&itemID=F1452.2&viewtype=side

74. https://darwin-online.org.uk/content/frameset?viewtype=side&itemID=F391&pageseq=415

75. https://link.springer.com/article/10.1007/s004290050082

[184] Stephen Jay Gould, "Abscheulich! (Atrocious!)," Natural History (March, 2000): 42–49.

[185] Rudolf A. Raff. The Shape of Life: Genes, Development, and the Evolution of Animal Form, 1996, p. 195

[186] http://scienceblogs.com/pharyngula/2009/05/08/casey-luskin-smirking-liar

[187] There is no highly conserved embryonic stage in the vertebrates: implications for current theories of evolution and development - PubMed[77]

[188] There is no highly conserved embryonic stage in the vertebrates: implications for current theories of evolution and development - PubMed[78]

[189] Inverting the hourglass: quantitative evidence against the phylotypic stage in vertebrate development. - PMC[79]

[190] https://scienceblogs.com/pharyngula/2011/06/17/jonathan-maclatchie-collides-w

[191] Shoaib Ahmed Malik, Islam and Evolution: Al-Ghazālī and the Modern Evolutionary Paradigm, 2021, p. 38

[192] Michael Shermer, Why Darwin Matters: The Case Against Intelligent Design (New York: Henry Holt, 2006), 18.

[193] We've all got baggage[80]

[194] Richard Dawkins, The Selfish Gene (New York: Oxford University Press, 1976), 47

[195] Life's Grand Design[81]

---

76. https://pubmed.ncbi.nlm.nih.gov/9304211/

77. https://pubmed.ncbi.nlm.nih.gov/9278154/

78. https://pubmed.ncbi.nlm.nih.gov/9278154/

79. https://www.ncbi.nlm.nih.gov/pmc/articles/PMC1691251/

80. https://evolution.berkeley.edu/mantis-shrimp-shoulder-their-evolutionary-baggage-and-bluff/weve-all-got-baggage/

[196] Philip Kitcher, Living With Darwin: Evolution, Design, and the Future of Faith (New York: Oxford, 2007), 57–58

[197] Charles R. Darwin, On the Origin of Species by Means of Natural Selection, 1st ed. (London: John Murray, 1859), 168, 455–456

[198] Why Do Men Have Nipples?[82].

[199] Vestigial organs: Remnants of evolution | New Scientist[83]

[200] An integrated encyclopedia of DNA elements in the human genome | Nature[84]

[201] Wojciech Makalowski, "Not Junk After All," Science, Vol. 300(5623) (May 23, 2003)

[202] Laura Poliseno, "Pseudogenes: Newly Discovered Players in Human Cancer," Science Signaling, 5 (242) (September 18, 2012).

[203] Ryan Charles Pink, Kate Wicks, Daniel Paul Caley, Emma Kathleen Punch, Laura Jacobs, and David Paul Francisco Carter, "Pseudogenes: Pseudo-functional or key regulators in health and disease?," RNA, 17 (2011): 792-98.

[204] Highlight—"Junk DNA" No More: Repetitive Elements as Vital Sources of Flatworm Variation - PMC[85]

---

81. http://www.millerandlevine.com/km/evol/lgd/index.html

82. https://www.verywellhealth.com/why-do-men-have-nipples-2328794#_853ae90f0351324bd73ea615e6487517__4c761f170e016836ff84498202b99827__853ae90f0351324bd73ea615e6487517_text_43ec3e5dee6e706af7766fffea512721_While_0bcef9c45bd8a48eda1b26eb0c61c869_20male_0bcef9c45bd8a48eda1b26eb0c61c869_20nipples_0bcef9c45bd8a48eda1b26eb0c61c869_20are_0bcef9c45bd8a48eda1b26eb0c61c869_20sometimes_c0cb5f0fcf239ab3d9c1fcd31fff1efc_as_0bcef9c45bd8a48eda1b26eb0c61c869_20remnants_0bcef9c45bd8a48eda1b26eb0c61c869_20of_0bcef9c45bd8a48eda1b26eb0c61c869_20fetal_0bcef9c45bd8a48eda1b26eb0c61c869_20development

83. https://www.newscientist.com/article/mg19826562-100-vestigial-organs-remnants-of-evolution/

84. https://www.nature.com/articles/nature11247

85. https://www.ncbi.nlm.nih.gov/pmc/articles/PMC8689661/

[205] A wealth of discovery built on the Human Genome Project — by the numbers[86]

[206] Functional Histology of Appendix[87]

[207] Biofilms in the large bowel suggest an apparent function of the human vermiform appendix - PubMed[88]

[208] Whale sex: It's all in the hips | ScienceDaily[89]

[209] Three organs in one? Researchers unscramble mysterious roles of human yolk sac | Science[90]

[210] Native functions of short tandem repeats | eLife[91]

[211] Rapid evolution of noncoding RNAs: lack of conservation does not mean lack of function - PubMed[92]

86. https://www.nature.com/articles/d41586-021-00314-6

87. https://www.jstage.jst.go.jp/article/aohc1950/46/3/46_3_271/_article

88. https://pubmed.ncbi.nlm.nih.gov/17936308/

89. https://www.sciencedaily.com/releases/2014/09/140908121536.htm

90. https://www.science.org/content/article/three-organs-one-researchers-unscramble-mysterious-roles-human-yolk-sac

91. https://elifesciences.org/articles/84043

92. https://pubmed.ncbi.nlm.nih.gov/16290135/

Also by Ammar Adil

Sunni Hadiths and Sirah: Proofs of Historical Reliability
The Existence of God and the Irrationality of Atheism
Proofs for Islam: Prophecies of Prophet Muhammad ﷺ
Hadiths Sunnites et Sirah : Preuves de Fiabilité Historique
Evolution and Design: Logic and Evidence
Evrim ve Tasarım: Mantık ve Kanıt
Sunnitische Hadithe und Sirah: Beweise historischer Zuverlässigkeit
Sünni Hadisler ve Siyer: Tarihsel Güvenilirliğin Delilleri
From Skepticism to Certainty: The Doubting Muslim's Guide
Évolution et Conception : Logique et Preuves
Evolution und Design: Logik und Beweise
Du scepticisme à la certitude : le guide du musulman qui doute
Vom Skeptizismus zur Gewissheit: Der Leitfaden für zweifelnde Muslime
Beyond Scientific Miracles: Islam, Science, and the Search for Truth

About the Author

I am an independent researcher in topics related to existence of God and Islam. I done years of research on topics such as Existence of God, Evolution, Intelligent Design, Proofs for Islam being from God, Historical Jesus, Quran Preservation, Reliability of Hadiths and Sirah etc. My debates and videos are uploaded on https://youtube.com/@refutingorientalists?si=2Q8ZzGfsupml-IeQ and you can contact me on my twitter account at https://twitter.com/qadissiyah636

About the Publisher

www.ingramcontent.com/pod-product-compliance
Lightning Source LLC
LaVergne TN
LVHW052322200926
848481LV00002B/643